Basiswissen Ingenieurmathematik
Band 5

Georg Schlüchtermann · Nils Mahnke

Basiswissen Ingenieurmathematik Band 5

Integralrechnung einer reellen Veränderlichen und numerische Integration

Springer Vieweg

Georg Schlüchtermann
Fakultät für Maschinenbau,
Fahrzeugtechnik und Flugzeugtechnik
Hochschule München
München, Deutschland

Nils Mahnke
FOM Fachschule für Oekonomie und
Management gGmbH
Hochschulstandort Hamburg
Essen, Deutschland

ISBN 978-3-658-48683-9 ISBN 978-3-658-48684-6 (eBook)
https://doi.org/10.1007/978-3-658-48684-6

Die Deutsche Nationalbibliothek verzeichnet diese Publikation in der Deutschen Nationalbibliografie; detaillierte bibliografische Daten sind im Internet über https://portal.dnb.de abrufbar.

Cartoons von Mikaado-Grafikdesign, Stelle, Deutschland

Planung/Lektorat: Eric Blaschke
Springer Vieweg ist ein Imprint der eingetragenen Gesellschaft Springer Fachmedien Wiesbaden GmbH und ist ein Teil von Springer Nature.
Die Anschrift der Gesellschaft ist: Abraham-Lincoln-Str. 46, 65189 Wiesbaden, Germany

Vorwort

Die Analysis kam im letzten Band ([SM04]) mit der Einführung des Konzepts der Funktion und dem wichtigen Begriff der Differenzierbarkeit zu Wort. Die Analysis werden wir in diesem Band um die Integralrechnung erweitern und einen zentralen Aspekt der Infinitesimalrechnung behandeln, den Hauptsatz der Differenzial- und Integralrechnung.
Für Studierende ist oft das Differenzieren einfacher als das Integrieren, denn für das Differenzieren existieren feste Regeln, die Struktur der zu behandelnden Funktionen ist meist gegeben und daher die Anwendung der Regeln unkompliziert. Für die Integralrechnung, den in diesem Buch behandelten Aspekt der Analysis, gilt dies nicht unbedingt. Daher beginnen wir zur Einführung der Integralrechnung mit der Anschauung und definieren das Integral als eine einfache Flächenapproximation durch Rechtecke. Wir entwickeln anschließend den auch aus der Schule bekannten Begriff des Riemann-Integrals und erarbeiten die Methoden, Techniken und Zusammenhänge der Integralrechnung.
Der Integralbegriff und das Prinzip, das Integral zu bilden, gehen auf Eudoxos (ca. 365 v. Chr.) und später Archimedes zurück. Aber es waren unabhängig voneinander I. Newton und G. Leibniz, die zu Beginn des 18. Jh. den Zusammenhang zwischen Differenziation und Integration aufzeigten. Und hier ergibt sich dann das praktische Problem, dass man im Allgemeinen für ein unbestimmtes Integral keine geschlossene Form finden kann, weshalb Methoden für Näherungslösungen notwendig werden.
Dennoch ist für die Anwendungen in Naturwissenschaften und Technik der Integralbegriff von so zentraler Bedeutung, dass wir ihm einen ganzen Band widmen. Gerade die in diesem Band behandelte Integralrechnung bildet die Grundlage für das in der Technik relevante Berechnen von Flächen und später für das Lösen sogenannter Differenzialgleichungen, die in der Physik auch als Bewegungsgleichungen bezeichnet werden.

Die numerischen Berechnungen für Integrale, deren Lösungen keine geschlossene Form besitzen, beschließen diesen Band im zweiten Teil.
Gerade das Integralkalkül zeigt erneut, wie Physik und Mathematik befruchtend aufeinander wirken und deren Zusammenspiel für die Naturwissenschaften von Nutzen ist. Als Anwendungstheorien behandeln wir unter anderem die Theorie der Laplace-Transformation und die Theorie der Fourierreihen, weshalb dieser Band auch als Nachschlagewerk und zur Auffrischung gut geeignet ist. Die Inhalte dieses Buches bilden dabei einen grundlegenden Bestandteil im Lehrkanon an Fachhochschulen und Universitäten, auch außerhalb des Teilgebiets der Mathematik.
Wie bereits bei den vorher erschienenen Bänden werden wir auch in diesem Hinweise geben, wie man mit dem Stoff umgeht und gleichzeitig das Erarbeitete so erlernen kann, dass es nicht nach der ersten Prüfung wieder in Vergessenheit gerät.
Wir haben diesem Band wieder einige Klausuraufgaben beigefügt, die nach Schwierigkeitsgrad bzw. Länge gestaffelt sind.
An dieser Stelle sollte nicht unerwähnt bleiben, dass die beigefügten Klausuren zur Orientierung dienen und in keinster Weise die notwendige Beschäftigung mit den Inhalten ersetzen können.
Das Studium mit dieser Fortsetzung in der Analysis möge Freude bereiten und vielleicht führt es ja dazu, sich von der Scheu vor der Mathematik zu befreien und sich intensiver mit ihr zu beschäftigen, denn, so wie es David Hilbert (1862 - 1943) ausdrückte,

> „Die Mathematik ist das Instrument, welches die Vermittlung bewirkt zwischen Theorie und Praxis, zwischen Denken und Beobachten: Sie baut die verbindende Brücke und gestaltet sie immer tragfähiger. “

Unser besonderer Dank gilt Mikaado-Grafikdesign Monika Mahnke für das Erstellen der mathematischen Comics zu unserem Lehrbuch und Herrn Blaschke für das detaillierte Lektorat.

Prof. Dr. Nils Mahnke Hamburg und München, im Juli 2025
Prof. Dr. Georg Schlüchtermann

Interessenkonflikt Der/die Autor*in hat keine für den Inhalt dieses Manuskripts relevanten Interessenkonflikte.

Abbildungsverzeichnis

Inhaltsverzeichnis

1. Einleitung

Die Mathematik ist eine wunderbare Lehrerin für die Kunst, die Gedanken zu ordnen, Unsinn zu beseitigen und Klarheit zu schaffen.

Jean-Henri Fabre (1823-1915)

Schon wie die ersten vier Bände dieser Reihe zur „Ingenieurmathematik“, richtet sich dieses Buch vor allem an Studierende und Lehrende an Fachhochschulen und Universitäten, deren zentrales Arbeitsgebiet nicht das reine Mathematikstudium ist. Wir werden daher viele Beweise nur andeuten und doch auch einige ausführen, um den Lesenden zu vermitteln, dass man nicht nur anschaulich und spekulativ Mathematik betreiben kann, oder wie es Dedekind vermerkte:

> „Was beweisbar ist, soll in der Wissenschaft nicht ohne Beweis geglaubt werden.“

Mit diesem Band setzen wir die Behandlung der Analysis fort und werden mit der Einführung und Untersuchung des Integralbegriffs die Betrachtung der Analysis im eindimensionalen Reellen ($\mathbb{R}$) abschließen. Die Bedeutung des Integrals geht natürlich weit über die bloße Flächenberechnung hinaus und hat ausgedehnte Anwendungsfelder in den Natur- und Ingenieurwissenschaften, von denen wir einige behandeln werden. Bereits im zweiten Kapitel führen wir den Integralbegriff über die Flächenberechnung ein. Diese Motivation wird sofort für allgemeine also nicht notwendig positive Funktionen definiert, Eigenschaften werden hergeleitet und es wird schließlich der zentrale Satz der eindimensionalen Analysis formuliert – der Hauptsatz der Differenzial- und Integralrechnung[1], der uns auch zum Begriff der Stammfunktion führt.

[1] Für Musikliebhaber sei erwähnt, dass Friedrich Wille den Hauptsatz der Differenzial- und Integralrechnung in seiner *Hauptsatzkantate* vertont hat.

G. Schlüchtermann und N. Mahnke, *Basiswissen Ingenieurmathematik Band 5*,
https://doi.org/10.1007/978-3-658-48684-6_1

Zugrunde liegt der Integralrechnung in diesem Band das Riemann-Integral. Natürlich gibt es eine Menge anderer Integralbegriffe, wie das überaus bedeutsame Lebesgue-Integral oder das Cauchy-Integral, die wir beide hier nicht behandeln werden, zumal das Riemann-Integral einen didaktisch günstigen und für eine Vielzahl von Anwendungen auch ausreichenden Zugang darstellt. Techniken der Integration, wie das aus dem Englischen entlehnte „Integration by Sight“, das partielle Integrieren, Integrieren mittels Substitution und Integrieren mittels Partialbruchzerlegung setzen die Betrachtung fort.
Voraussetzungen für das Integral sind die „Kompaktheit“ des Intervalls und die Beschränktheit der Funktion. Beides werden wir am Ende des Kapitels aufheben und den Begriff des uneigentlichen Integrals einführen. Dabei werden wir auch sehen, dass man zwar das uneigentliche Integral mancher Funktionen bilden kann, aber dies nicht mittels elementar darstellbarer Stammfunktionen berechenbar sein wird.
Die Laplacetransformation bildet den Abschluss dieses Kapitels und greift auf die vorangegangenen Betrachtungen zurück. Sie bereitet zudem als Begriff und Hilfsmittel auf weiterführende mathematische Gebiete vor, wie die Theorie der Differenzialgleichungen und die Stochastik. In den Ingenieurwissenschaften, wie insbesondere in der Regelungstechnik, ist die Laplacetransformation eine unerlässliche Methode zum Lösen der dort auftretenden Gleichungen.
Kann man ein Integral nicht mittels einer Stammfunktion nach dem Gesetz des Hauptsatzes berechnen, muss man zu numerischen Methoden übergehen, und genau diesen wenden wir uns im dritten Kapitel zu. Um die sogenannte „numerische Quadratur“ einführen zu können, benötigt man weitere Methoden aus dem Basiswissen der Numerik. Aus diesem Grund beginnen wir das dritte Kapitel auch mit der grundlegenden Betrachtung der Interpolation durch Polynome, weil deren Integration als Funktionenersatz relativ einfach zu berechnen ist. Es folgen die ersten klassischen numerischen Verfahren, im Abschnitt „Numerische Quadratur Teil 1“. Da die numerische Quadratur natürlich nur eine Annäherung sein kann, betrachten wir daraufhin die Eindeutung einer Approximation durch andere Funktionen als Polynome im Kontext eines Prae-Hilbertraums. Die letzten zwei Abschnitte beginnen mit einer Anwendung der Ergebnisse der Approximation durch die Einführung von Fourierreihen, einem Gebiet, das von J. B. Fourier zu Beginn des 19. Jh. bereits intensiv untersucht wurde.

Die einfache Frage, ob periodische Funktionen durch die klassischen trigonometrischen Funktionen darstellbar sind, wird für die stückweise stetigen Funktionen beantwortet werden. Genauigkeitsverbessernde numerische Verfahren, wie die Euler-MacLaurin-Entwicklung, die Halbierungsmethode nach Rhomberg und die numerische Quadratur nach Gauß beschließen dieses Buch im Abschnitt „Numerische Quadratur Teil 2“.

Wir haben wie in den ersten Bänden jedem größeren Abschnitt Kurzfragen zum Verständnis und eine Reihe von Übungsaufgaben angefügt. Dabei haben wir die Übungsaufgaben zu den einzelnen Abschnitten subjektiv nach ihren Schwierigkeitsgraden in folgende Klassen eingeteilt[2]:

Kl A: Routineaufgaben, die aber auch methodisch aufwendig sein können

Kl B: Aufgaben, die mittels der behandelten Sätze lösbar sind, aber ein erweitertes Verständnis erfordern

Kl C: Aufgaben, die zusätzlich (zu den Anforderungen in B:) oft eine Idee und den richtigen Überblick erfordern

Kl D: Aufgaben, zu deren Lösung ein tiefes Verständnis, ein sehr guter Überblick und viel Phantasie erforderlich sind

Die Einbindung von Anforderungen auf dem D-Niveau soll hier vor allem deutlich machen, dass Mathematik zwar Rechenformalismen verwendet aber schlussendlich sich in einem viel umfassenderen Kontext abspielt. Lösungen zu den Kurzfragen und exemplarische Probeklausuren beschließen auch dieses Mal diesen Band.

Prof. Dr. Nils Mahnke
Prof. Dr. Georg Schlüchtermann

München, im Juli 2025

[2] Im Englischen werden die gegebenen Einteilungen auch gerne wie folgt bezeichnet: A: „Allright“ B:„Best Practice“ C: „Challenging“ D: „Deep Thinking“

2. Integralrechnung

Gott kümmert sich nicht um unsere mathematischen Schwierigkeiten, er integriert empirisch.

Albert Einstein (1879-1955)

Die Integralrechnung zählt neben der Differenzialrechnung zu den zentralen Gebieten der Analysis. Da man mit ihren Methoden Flächen unter dem Graphen einer Funktion berechnen kann, gehörte sie schon seit der Antike zu den grundlegenden Gebieten innerhalb der Geometrie, auch wenn man dies seiner Zeit nicht Integralrechnung nannte. Bereits Archimedes verwendete die Technik, eine gegebene Zerlegung zu verfeinern, um im Grenzprozess eine „wahre“ Fläche oder ein „wahres“ Volumen zu bestimmen. Alle Methoden der Integralrechnung, die dann auch weiter entwickelt wurden, sind im Kern immer durch die Bestimmung von Flächeninhalten motiviert.

Erst im 17. Jh. waren es dann I. Newton und G. Leibniz, die unabhängig voneinander die Integralrechnung in die damals dann bezeichnete Infinitesimalrechnung eingliederten und den Zusammenhang zur Steigung – also zur Ableitung – von Funktionen bestimmten. So werden wir in diesem Teil der Monographie den von Newton und Leibniz gefundenen Zusammenhang auch als den Hauptsatz der Differenzial- und Integralrechnung bezeichnen. Dieser Hauptsatz ist grundlegend für alle Techniken der Integralrechnung.

Natürlich werden wir mit dem anschaulichen Zugang der Flächenberechnung beginnen und schließlich zum genannten Hauptsatz mit Hilfe kanonischer Eigenschaften führen. Unser Zugang ist der des Riemann-Integrals, das für die meisten Anwendungen und insbesondere im Kontext dieses Buches vollkommen ausreichend ist.

G. Schlüchtermann und N. Mahnke, *Basiswissen Ingenieurmathematik Band 5*,
https://doi.org/10.1007/978-3-658-48684-6_2

Im Anschluss an die grundlegenden Techniken zur Integral- bzw. Stammfunktionsbestimmung werden wir noch das wichtige Gebiet der uneigentlichen Integrale beleuchten. [1]

2.1 Das Riemann-Integral

Für diesen Abschnitt setzen wir voraus, dass die jeweils betrachtete Funktion $f : [a, b] \to \mathbb{R}$ beschränkt ist.
Ist $f(x) \geq 0$ für alle $x \in [a, b]$, so lässt sich die Fläche A zwischen G_f und der x-Achse näherungsweise berechnen. Hierfür benötigt man zuerst eine Zerlegung des Intervalls $[a, b]$.

Definition 2.1.1. *(Zerlegung eines Intervalls und Feinheit)*
Als eine **Zerlegung des Intervalls** $[a, b] \subset \mathbb{R}$ *bezeichnen wir eine Menge*

$$\mathcal{Z} = \{x_0, ..., x_n\} \subset [a, b]$$

für deren Elemente gilt $a = x_0 < x_1 < x_2 < ... < x_n = b$.
Die **Feinheit** *von* $\mathcal{Z}$ *legt man fest durch*

$$|\mathcal{Z}| = \max\{x_{i+1} - x_i; i = 0, ..., n-1\}$$

Dabei sei eine Zerlegung $\mathcal{Z}_1$ **feiner** *als eine Zerlegung* $\mathcal{Z}_2$, *wenn* $\mathcal{Z}_2 \subset \mathcal{Z}_1$.

[1] Georg Friedrich Bernhard Riemann (* 17. September 1826 in Breselenz – † 20. Juli 1866 in Selasca) war ein deutscher Mathematiker. In den gerade 15 Jahren seiner aktiven Forschung hat er enorme Beiträge zu fast allen Teilgebieten der Mathematik geleistet und gilt daher als einer der bedeutsamsten Mathematiker aller Zeiten. Er stammte aus einer armen Pastorenfamilie, studierte in Göttingen, u. a. bei C. F. Gauß und hörte 1847 – 49 in Berlin Vorlesungen bei Dirichlet, Jacobi und Eisenstein. Wieder zurück in Göttingen promovierte er 1851 auf dem Gebiet der Funktionentheorie und habilitierte sich 1854 mit einer Arbeit über Fourierreihen, in der er das hier beschriebene Riemann-Integral einführte. Sein Habilitationsvortrag lautete „Über die Hypothesen, welche der Geometrie zu Grunde liegen", dessen Bedeutung und Tiefe als einziger Hörer wohl nur C. F. Gauß voll erfassen konnte und ihn auch mit höchstem Lob versah. Die präsentierte Theorie stellt die Grundlage der Riemannschen Geometrie dar, die wiederum Grundlage der Allgemeinen Relativitätstheorie von A. Einstein bildet. Riemann arbeitete mit wesentlichen Beiträgen auf den Gebieten der Integraltheorie, der Funktionentheorie, der Variationsrechnung, der Geometrie, der Elektrizität, um nur wenige zu nennen. Er starb auf einer Rückreise von Italien am Lago Maggiore, wie seine Mutter, an Tuberkulose im Alter von 39 Jahren.

Beispiel 2.1.1. *(Vergleich von Zerlegungen)*
Sei $[a,b] = [-1,1]$, *Weiter seien* $\mathcal{Z}_1, \mathcal{Z}_2 \subset [-1,1]$, *mit*

$$\mathcal{Z}_2 = \{ -1,\ -0.5,\ 0;\ 0.5,\ 1\} \quad \textit{und} \quad \mathcal{Z}_1 = \{ -1,\ -0.5,\ 0,\ 0.25,\ 0.5,\ 1\}$$

zwei Zerlegungen.

$$\Rightarrow \ |\mathcal{Z}_1| = |\mathcal{Z}_2| \ \textit{und} \ \mathcal{Z}_2 \subset \mathcal{Z}_1$$

Also ist $\mathcal{Z}_1$ *feiner als* $\mathcal{Z}_2$.

Indem man nun über dem Intervall zweier benachbarter Punkte einer Zerlegung von $[a,b]$ eine konstante Funktion „geschickt" einführt, lässt sich die zugehörige Rechteckfläche einfach berechnen und die Summe der so entstehenden Rechtecke dient dann als Abschätzung für A.

Definition 2.1.2. *(Ober- und Untersumme)*
Seien $f : [a,b] \to \mathbb{R}_0^+$, *stetig und* $\mathcal{Z} = \{x_0, ..., x_n\}$ *eine Zerlegung von* $[a,b]$.
Man definiert die **Obersumme** *von* f *zu* $\mathcal{Z}$ *gemäß:*

$$O(f,\mathcal{Z}) = \sum_{i=0}^{n-1} \sup \{f(x); x \in [x_i; x_{i+1}[\} \, (x_{i+1} - x_i)$$

und die **Untersumme** *von* f *zu* $\mathcal{Z}$ *mittels:*

$$U(f,\mathcal{Z}) = \sum_{i=0}^{n-1} \inf \{(f(x); x \in [x_i; x_{i+1}[\} \, (x_{i+1} - x_i)$$

Bemerkungen 2.1.1.

1. *Es gilt* $U(f,\mathcal{Z}) \leq O(f,\mathcal{Z})$ *für alle Zerlegungen* $\mathcal{Z}$.
2. *Es sei* $\mathcal{Z}_2 \subset \mathcal{Z}_1$. *Dann gilt:*

$$U(f,\mathcal{Z}_1) \geq U(f,\mathcal{Z}_2)$$

$$O(f,\mathcal{Z}_1) \leq O(f,\mathcal{Z}_2)$$

3. *Seien* $\mathcal{Z}_1$ *und* $\mathcal{Z}_2$ *Zerlegungen. Dann gilt:* $U(f,\mathcal{Z}_1) \leq O(f,\mathcal{Z}_2)$

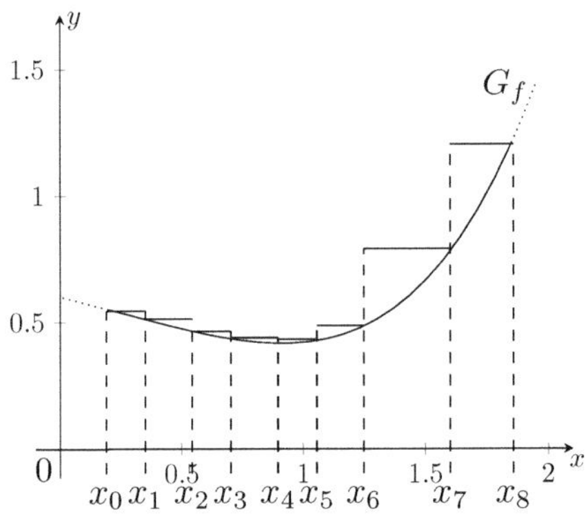

Abbildung 2.1: Rechtecke der Obersumme über einer Zerlegung

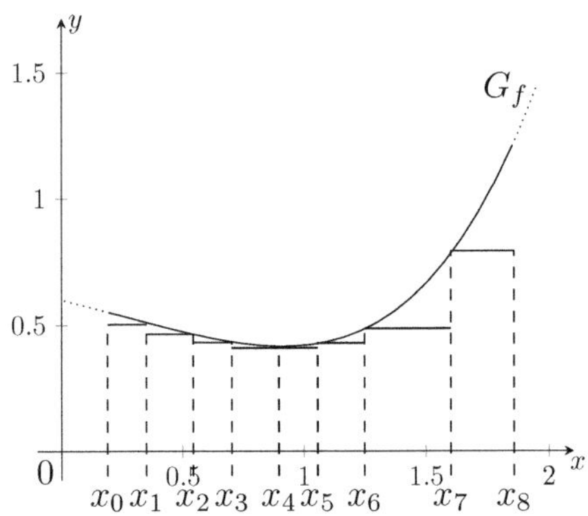

Abbildung 2.2: Rechtecke der Untersumme über einer Zerlegung

Korollar 2.1.1.
Die Menge der Obersummen zu einer Funktion $f : [a, b] \to \mathbb{R}^+$

$$\{O(f, \mathcal{Z}); \mathcal{Z} \text{ ist eine Zerlegung von } [a, b]\}$$

besitzt eine untere Schranke, nämlich $U(f, \mathcal{Z}')$ *für eine beliebige Zerlegung* $\mathcal{Z}'$. *Ebenso besitzt die Menge der Untersummen*

$$\{U(f, \mathcal{Z}); \mathcal{Z} \text{ ist eine Zerlegung von } [a, b]\}$$

eine obere Schranke, nämlich $O(f, \mathcal{Z}')$ *für eine beliebige Zerlegung* $\mathcal{Z}'$.

Aus diesem Grund kann man folgende Definition formulieren.

Definition 2.1.3. *(Riemann-Integral)*
Der Wert

$$\overline{\mathcal{I}}(f) = inf\{O(f, \mathcal{Z}); \mathcal{Z} \text{ Zerlegung}\},$$

wird das **Oberintegral** *von* f *genannt.*
Ebenso nennen wir

$$\underline{\mathcal{I}}(f) = sup\{U(f, \mathcal{Z}); \mathcal{Z} \text{ Zerlegung}\},$$

das **Unterintegral** *von* f.

Dann heißt f *über* $[a, b]$ **(Riemann-)integrierbar**, *falls gilt*

$$\overline{\mathcal{I}}(f) = \underline{\mathcal{I}}(f)$$

In diesem Fall schreibt man

$$\overline{\mathcal{I}}(f) = \underline{\mathcal{I}}(f) =: I(f) = \int_a^b f(x)\, dx \qquad (2.1)$$

und nennt $I(f)$ **das bestimmte (Riemann-)Integral** *von* f *über dem Intervall* $[a, b]$.

Bemerkungen 2.1.2.

- *Das Bestimmen von* $I(f)$ *wird "Das Integrieren von* f *über* $[a, b]$*" genannt.*
- *In* $I(f) = \int_a^b f(x)\, dx$ *bezeichnet man* a *als* **Unter-** *und* b *als* **Obergrenze** *des bestimmten Integrals.*

- *Das Objekt dx steht hier für ein infinitesimales Längenelement auf der x-Achse, ein Differenzial, über welches die Integration "summiert" wird.*

- *Der Term, über welchen die Integration ausgeführt werden soll, wird der „Integrand" des jeweiligen Integrals genannt.*

$$\text{z. B.} \qquad I = \int_a^b f(x)\,dx \;\Rightarrow\; f(x)\text{: }\mathbf{Integrand}$$

- *Der Einfachheit halber soll im Text, falls nichts anderes angegeben ist, mit dem Begriff der „Intergrierbarkeit" immer die „Riemann-Integrierbarkeit" gemeint sein.*

Ein für Beweise bzw. Herleitungen wichtiger Begriff ist der der Riemann-Summe.

Definition 2.1.4. *(Riemann-Summe)*
Sei $f : [a,b] \longrightarrow \mathbb{R}$ eine beschränkte Funktion und $\mathcal{Z} = \{x_0, x_1, \ldots, x_n\}$ eine Zerlegung von $[a,b]$ mit $a = x_0 < x_1 < \ldots < x_n = b$. Dann definiert man eine **Riemann-Summe** *von f zur Zerlegung $\mathcal{Z}$ durch*

$$R_{f,\mathcal{Z}} = \sum_{i=0}^{n-1} f(\xi_i)(x_{i+1} - x_i) \tag{2.2}$$

mit den „Stützstellen" $\xi_i \in [x_i, x_{i+1}[,\ i = 0, \ldots, n-1$.

Bemerkungen 2.1.3.

- *Der Wert $R_{f,\mathcal{Z}}$ in (2.2) hängt natürlich von der Wahl der Stützstellen $\xi_i,\ i = 0, \ldots, n-1$, ab und man sieht:*

$$U(f,\mathcal{Z}) \leq R_{f,\mathcal{Z}} \leq O(f,\mathcal{Z}) \tag{2.3}$$

  Somit existiert für eine integrierbare Funktion f der Grenzwert $\mathcal{R} = \lim_{|\mathcal{Z}|\to 0} R_{f,\mathcal{Z}}$ und es gilt

$$R = \int_a^b f(x)\,dx \tag{2.4}$$

- *Dass eine Riemann-Summe zwischen dem Wert von Ober- und Unterintegral liegt, ist dabei unabhängig von der Wahl der Stützstellen $\xi_i,\ i = 0, \ldots, n-1$, wie (2.3) zeigt.*

- *Andererseits ist f Riemann-integrierbar, wenn es ein $\mathcal{R}$ gibt, so dass $\mathcal{R} = \lim_{|\mathcal{Z}| \to 0} R_{f,\mathcal{Z}}$ unabhängig von der Wahl der jeweiligen Stützstellen ξ_i, $i = 0, \ldots, n-1$ ist.*
  Diese Eigenschaft werden wir bald für die Integrierbarkeit stetiger Funktionen ausnützen.

Bevor wir zu den Eigenschaften von Integralen und anschließend zu den Berechnungsmethoden kommen, sei hier noch bemerkt, dass nicht jede beschränkte Funktion Riemann-integrierbar ist, wie das folgende Beispiel zeigt:

Beispiel 2.1.2. *(nicht Riemann-integrierbare Funktion)*
Betrachtet man die Funktion

$$f(x) = \begin{cases} 1, & x \in \mathbb{Q} \cap [a,b] \\ 0, & x \notin \mathbb{Q} \cap [a,b] \end{cases}$$

($a < b$), dann ist f zwar beschränkt aber nicht Riemann-integrierbar, denn:

Sei $\mathcal{Z}$ eine Zerlegung. Dann folgt:

$$O(f, \mathcal{Z}) = \sum_{j=0}^{n-1} 1 \cdot (x_{j+1} - x_j) = b - a$$

$$U(f, \mathcal{Z}) = \sum_{j=0}^{n-1} 0 \cdot (x_{j+1} - x_j) = 0$$

also $\overline{\mathcal{I}}(f) = b - a > 0 = \underline{\mathcal{I}}(f)$
was nach (2.1) der Riemann-Integrierbarkeit von f widerspricht.

2.2 Eigenschaften von Integralen

Das Integral (Riemann-Integral) besitzt eine Reihe von Eigenschaften, welche man insbesondere für Berechnungen von Integralen einsetzen kann. Wir tragen jetzt einige dieser Eigenschaften zusammen, deren Beweise eine gute Übung im Umgang mit der Definition des Integrals darstellen.

Proposition 2.2.1.
Sei $f : [a, b] \to \mathbb{R}$ beschränkt und auf $[a, b]$ integrierbar.

1. *Sei $c \in]a, b[$. Dann ist f genau dann auf $[a, b]$ integrierbar, wenn es auf $[a, c]$ und $[c, b]$ integrierbar ist und es gilt*

$$\int_a^b f(x)\,dx = \int_a^c f(x)\,dx + \int_c^b f(x)\,dx$$

2. *Für die Gleichheit von Ober- und Untergrenze folgt:*

$$\int_a^a f(x)\,dx = 0$$

3. *Ein Vertauschen von Ober- und Untergrenze ändert das Vorzeichen des Integrals:*

$$\int_b^a f(x)\,dx = -\int_a^b f(x)\,dx$$

4. *Die Linearität des Integrals:*

   Seien $f, g : [a, b] \to \mathbb{R}$ auf $[a, b]$ integrierbar und $\lambda, \mu \in \mathbb{R}$. Dann gilt:

$$\int_a^b \Big(\lambda \cdot f(x) + \mu \cdot g(x)\Big)\,dx = \lambda \cdot \int_a^b f(x)\,dx + \mu \cdot \int_a^b g(x)\,dx$$

5. *Gilt in 4. zusätzlich $|g(x)| \geq c > 0$ für alle $x \in [a, b]$, so ist auch $\frac{f}{g}$ integrierbar.*

Damit die Eigenschaften von Integralen kein „zahnloser Tiger“ bleiben, müssen wir spätestens jetzt ermitteln, welche Funktionen überhaupt integrierbar sind. Der nächste Satz gibt aber hierzu Aufschluss.

Satz 2.2.1. *(Integrierbare Funktionen)*

1. *Treppenfunktionen sind integrierbar:*
   Treppenfunktionen sind abschnittsweise konstante Funktionen und wie folgt darstellbar $f : [a,b] \to \mathbb{R}$, *mit* $f(x) = r_i$ *für* $x \in [x_i, x_{i+1}[$, $(i = 0, ..., n-1;\ r_i \in \mathbb{R})$, *wobei* $\mathcal{Z} = \{x_0, x_1, ..., x_n\}$ *eine Zerlegung von* $[a,b]$ *ist.*

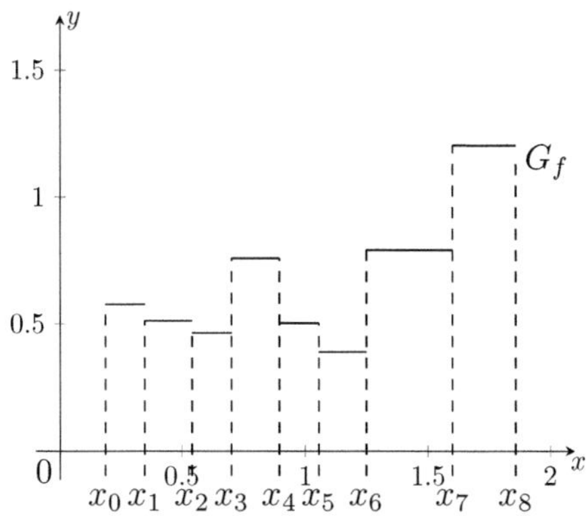

Abbildung 2.3: Beispiel einer Treppenfunktion

2. *Stetige Funktionen* $f : [a,b] \to \mathbb{R}$ *sind integrierbar.*

3. *Monotone Funktionen* $f : [a,b] \to \mathbb{R}$ *sind integrierbar.*

Beweis.

1. Der Beweis zu 1. ergibt sich sofort aus der Definition der Treppenfunktionen.

2. Der Beweis zu 2. verlangt den Begriff der gleichmäßigen Stetigkeit (siehe [SM04]) und findet sich als Aufgabe in den Übungen.

3. Der Beweis zu 3.: Integrierbarkeit monotoner Funktionen
   Sei $f : [a,b] \to \mathbb{R}$ monoton wachsend (analog für monoton fallende Funktionen). $\mathcal{Z}_n = \{x_0, ..., x_n\}$ sei eine Zerlegung von $[a,b]$ mit $x_{j+1} - x_j = \frac{b-a}{n}$.

Man beginnt mit der Festlegung einer Ober- und einer Untersumme bezüglich der Zerlegung $\mathcal{Z}_n$.

$$O(f, \mathcal{Z}_n) = \sum_{j=0}^{n-1} \underbrace{\max\{f(x);\; x \in [x_j, x_{j+1}[\,\}}_{\leq f(x_{j+1})} \overbrace{(x_{j+1} - x_j)}^{\frac{b-a}{n}}$$

$$U(f, \mathcal{Z}_n) = \sum_{j=0}^{n-1} \underbrace{\min\{f(x);\; x \in [x_j, x_{j+1}[\}}_{= f(x_j)} \overbrace{(x_{j+1} - x_j)}^{\frac{b-a}{n}}$$

Zu zeigen ist nun, dass die Differenz zwischen Ober- und Untersumme bei monoton wachsenden Funktionen beim Übergang zu immer feineren Zerlegungen verschwindet. Es gilt

$$\begin{aligned}
0 \leq O(f, \mathcal{Z}_n) - U(f, \mathcal{Z}_n) &\leq \sum_{j=0}^{n-1} [f(x_{j+1}) - f(x_j)] \cdot \frac{b-a}{n} \\
&= \Bigg([f(\underbrace{x_n}_{b}) - f(x_{n-1})] + [f(x_{n-1}) - f(x_{n-2})] + \ldots \\
&\qquad \ldots + [f(x_1) - f(\underbrace{x_0}_{a})] \Bigg) \cdot \frac{b-a}{n} \\
&= [f(b) - f(a)] \cdot \frac{b-a}{n} \overset{n \to \infty}{\longrightarrow} 0
\end{aligned}$$

$$\Rightarrow \overline{\mathcal{I}}(f) = \underline{\mathcal{I}}(f)$$

□

Bemerkung 2.2.1. *(Berechnung des Flächeninhalts)*
Berechnet man ein bestimmtes Integral, so berechnet man einen Zahlenwert. Dieser Zahlenwert ist nur dann gleich der Fläche des vom Graphen der Funktion und der x-Achse begrenzten Gebiets, wenn der Beitrag des Funktionswerts positiv ist.
Dies kann für eine Funktion $f : [a, b] \to \mathbb{R}$ erreicht werden, indem man definiert $f^+(x) := \max\{f(x), 0\}$ und $f^-(x) := \max\{-f(x), 0\}$. Dann kann der Funktionswert als Differenz von f^+ und f^- dargestellt werden, $f(x) = f^+(x) - f^-(x)$ und für die Summe gilt

$$f^+(x) + f^-(x) = |f(x)| \geq 0$$

Damit lässt sich die Fläche A_f zwischen G_f und der x-Achse durch das **Flächenintegral** *über $[a,b]$ berechnen*

$$A_f = \int_a^b |f(x)|\, dx \tag{2.5}$$

Beispiel 2.2.1.

- *Integriert man die Treppenfunktion*

$$f(x) = \begin{cases} 1 & x \in [0,1[\\ -1 & x \in [1,2] \end{cases} \tag{2.6}$$

über $[0,2]$, so berechnet man nicht den eingeschlossenen Flächeninhalt

$$\begin{aligned} \int_0^2 f(x)\, dx = & \int_0^1 1\, dx + \int_1^2 (-1)\, dx \\ = & 1 \cdot (1-0) + (-1) \cdot (2-1) = 0 \end{aligned}$$

- *Der Flächeninhalt der von G_f eingeschlossenen Fläche berechnet sich für (2.6) über $|f(x)|$*

$$\begin{aligned} \int_0^2 |f(x)|\, dx = & \int_0^1 |1|\, dx + \int_1^2 |-1|\, dx \\ = & 1 \cdot (1-0) + 1 \cdot (2-1) = 2 \end{aligned}$$

Die Integrale verschiedener Funktionen über gleichen Intervallen lassen sich über ihren jeweiligen Wert vergleichen und dafür ist der folgende Satz sehr hilfreich.

Satz 2.2.2. *(Monotonie des Integrals)*
Seien $f, g : [a,b] \to \mathbb{R}$ integrierbar, $f(x) \leq g(x)$, $x \in [a,b]$. Dann gilt:

$$\int_a^b f(x)\, dx \leq \int_a^b g(x)\, dx \tag{2.7}$$

und insbesondere:

$$\left| \int_a^b f(x)\, dx \right| \leq \int_a^b |f(x)|\, dx \tag{2.8}$$

Sobald wir zum praktischen Berechnen von Integralen kommen, werden sich automatisch Beispiele zu Satz 2.2.2 ergeben.

Ganz ähnlich der Differenzialrechnung gibt es auch für Integrale einen Mittelwertsatz, dessen Anwendung, z. B. bei der Abschätzung von Integralwerten, weitreichende Konsequenzen hat.

Satz 2.2.3. *(Mittelwertsatz der Integralrechnung)*
Sei $f : [a, b] \to \mathbb{R}$ integrierbar. Dann existiert ein $\mu \in \mathbb{R}$ mit

$$\int_a^b f(x)\,dx = \mu \cdot (b - a)$$

wobei μ wie folgt liegt: $\inf\{f(x);\; x \in [a, b]\} \leq \mu \leq \sup\{f(x);\; x \in [a, b]\}$.
Ist f insbesondere stetig, dann existiert ein $\overline{x} \in [a, b]$ mit $f(\overline{x}) = \mu$.

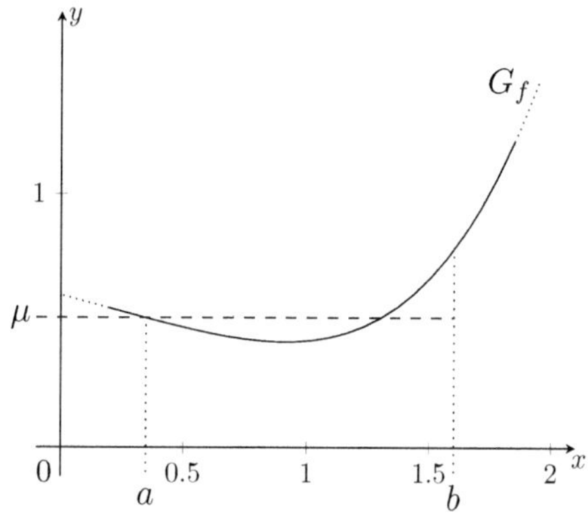

Abbildung 2.4: Mittelwertsatz der Integralrechnung

2.2.1 Kurzaufgaben zum Verständnis

1. Sind die Funktionen $f, g : [a, b] \longrightarrow \mathbb{R}$ Riemann-integrierbar und Stimmen f und g in ihren Werten bis auf endlich viele Stellen $x_1, \ldots, x_n$ überein, so gilt $\int_a^b f(x)\,dx = \int_a^b g(x)\,dx$.

   □ wahr □ falsch

2. Ist $f : \mathbb{R} \longrightarrow \mathbb{R}$ Riemann-integrierbar und $g : \mathbb{R} \longrightarrow \mathbb{R}$ gegeben derart, dass $f(x) = g(x)$ gilt, außer in endlich vielen Stellen $x_i \in [a, b]$, dann ist g auch Riemann-integrierbar.

   □ wahr □ falsch

3. Ist $f : \mathbb{R} \longrightarrow \mathbb{R}$ Riemann-integrierbar und $g : \mathbb{R} \longrightarrow \mathbb{R}$ gegeben derart, dass $f(x) = g(x)$ gilt, bis auf abzählbar viele Stellen $x_i \in [a, b]$, dann ist g auch Riemann-integrierbar.

   □ wahr □ falsch □ nur wenn f konstant ist

4. Ist $f : [a, b] \longrightarrow \mathbb{R}$ Riemann-integrierbar, dann ist auch f^2 Riemann-integrierbar.

   □ wahr □ falsch □ nur wenn f konstant ist

5. Ist $f : [a, b] \longrightarrow \mathbb{R}$ Riemann-integrierbar, so gilt

   $$\int_a^b (f(x))^2\,dx = \left(\int_a^b f(x)\,dx\right)^2$$

   □ wahr □ falsch

6. Ist $f : \mathbb{R} \longrightarrow \mathbb{R}$ auf $\mathbb{R}$ beschränkt und auf jedem beschränkten Intervall Riemann-integrierbar, dann ist die Abbildung

   $$t \longmapsto \frac{1}{t}\int_0^t f(x)\,dx$$

   mit $t \in \mathbb{R} \setminus \{0\}$ beschränkt.

   □ wahr □ falsch

2.2.2 Übungen

Lösungsvideos zu den Übungen können auf www.lsgn24h.de über die Eingabe des Lösungscodes abgerufen werden.

Kl A:

1. Gegeben sei die folgende Funktion

$$f : [0,5] \to \mathbb{R}\,;\ f(x) = \begin{cases} 5 & x \in [0,2[\\ -1 & x \in [2,5[\end{cases}$$

   (a) Berechnen Sie das Integral über f auf dem gegebenen Definitionsbereich.

   (Lösungscode: SB05EI0A001)

   (b) Bestimmen Sie nach dem Mittelwertsatz der Integralrechnung ein $\mu \in \mathbb{R}$ für das Integral aus (a).

   (Lösungscode: SB05EI0A002)

   (c) Zeigen Sie, dass für f (2.8) erfüllt ist.

   (Lösungscode: SB05EI0A003)

2. Seien $d, c \in \mathbb{R}^+$

   (a) Zeigen Sie für $0 < d < c$

$$\frac{1}{c^2}(c-d) < \frac{1}{d} - \frac{1}{c} < \frac{1}{d^2}(c-d) \tag{2.9}$$

   (Lösungscode: SB05EI0A004)

   (b) Zeigen Sie mit (2.9) für $a, b \in \mathbb{R}^+$, $0 < a < b$, dass die Fläche begrenzt durch die Kurve

$$y = \frac{1}{x^2}\,,$$

   den Senkrechten $x = a$ und $x = b$ sowie der x-Achse den Inhalt $\frac{1}{a} - \frac{1}{b}$ besitzt.

   (Lösungscode: SB05EI0A005)

(c) Eine erschöpfte Schildkröte bewege sich mit der Geschwindigkeit

$$v = \frac{1}{t^2}\frac{m}{s}$$

fort. Wie weit bewegt sie sich in den folgenden Zeitintervallen

i. von $t = 1$ bis $t = 2$

(Lösungscode: SB05EI0A006)

ii. von $t = 2$ bis $t = 4$

(Lösungscode: SB05EI0A007)

Kl B:

1. Berechnen Sie das Integral der Funktion $f(x) = x^2$ über dem Intervall $[0, t]$ ($t \in \mathbb{R}$), indem Sie das Intervall in $n \in \mathbb{N}$ gleiche Abschnitte Δx unterteilen, über die zugehörigen Stützstellen die Obersumme bilden und anschließend $n \to \infty$ betrachten.

   (Lösungscode: SB05EI0B001)

2. Zeigen Sie: Ist $f : [a, b] \longrightarrow \mathbb{R}$ stetig mit $f(x) \geq 0$ und gilt $\int_a^b f(x)\, dx = 0$, so gilt $f(x) = 0$ für alle $x \in [a, b]$. Wie kann man die Aussage so formulieren, dass sie für allgemeine stetige Funktionen gilt? Und ist sie auch für allgemeine integrierbare Funktionen richtig? Man gebe u. U. ein Beispiel an.

   (Lösungscode: SB05EI0B002)

3. Zeigen Sie, dass es zu jeder Riemann-integrierbaren Funktion $f : [a, b] \longrightarrow \mathbb{R}$ und jedem $\epsilon > 0$ eine stetige Funktion g_ϵ gibt mit

$$\int_a^b |f(x) - g_\epsilon(x)|\, dx < \epsilon$$

   (Lösungscode: SB05EI0B003)

4. Beweisen Sie für Treppenfunktionen $f : [a, b] \longrightarrow \mathbb{R}$, dass gilt

$$\int_a^b f(x)\, dx \leq \left| \int_a^b f(x)\, dx \right| \leq \int_a^b |f(x)|\, dx$$

   (Lösungscode: SB05EI0B004)

5. Für Treppenfunktionen $f_1, f_2 : [a, b] \longrightarrow \mathbb{R}$ beweisen oder widerlegen Sie

$$\int_a^b f_1(x) f_2(x)\, dx = \left(\int_a^b f_1(x)\, dx\right) \cdot \left(\int_a^b f_2(x)\, dx\right)$$

(Lösungscode: SB05EI0B005)

Kl C:

1. Zeigen Sie für Treppenfunktionen $f_1, f_2 : [a, b] \longrightarrow \mathbb{R}$ die Schwarzsche Ungleichung

$$\left(\int_a^b f_1(x) f_2(x)\, dx\right)^2 \leq \left(\int_a^b f_1(x)^2\, dx\right) \cdot \left(\int_a^b f_2(x)^2\, dx\right)$$

Wann gilt die Gleichheit?

(Lösungscode: SB05EI0C001)

2. Zeigen Sie, dass stetige Funktionen $f : [a, b] \to \mathbb{R}$ integrierbar sind.

(Lösungscode: SB05EI0C002)

3. Sei $f : [a, b] \longrightarrow \mathbb{R}$ mit der Eigenschaft:

$$\forall\, n \in \mathbb{N} : \; f(x) > \frac{1}{n} \text{ nur an endlich vielen Stellen } x \in [a, b].$$

Zeigen Sie, dass f Riemann-integrierbar ist mit

$$\int_a^b f(x)\, dx = 0$$

(Lösungscode: SB05EI0C003)

Kl D:

1. Zeigen Sie, dass die Funktion $f:[0,1]\longrightarrow\mathbb{R}$

$$f(x)=\begin{cases}0 & \text{falls } x \text{ irrational}\\ \frac{1}{q} & \text{falls } x=\frac{p}{q} \text{ mit teilerfremden } p\leq q,\ \ p,q\in\mathbb{N}\end{cases}$$

nicht stetig auf $[0,1]$ ist (dazu gebe man die Stetigkeitsstellen an) und zeigen Sie, dass f Riemann-integrierbar ist mit $\int_0^1 f(x)\,dx=0$.

(Lösungscode: SB05EI0D001)

2. Mit Hilfe der Formel

$$\sum_{k=1}^{n}\sin(kx)=\frac{\sin\left(\frac{nx}{2}\right)\sin\left(\frac{(n+1)x}{2}\right)}{\sin\left(\frac{x}{2}\right)}$$

beweisen Sie für $a>0$

$$\int_0^a \sin(x)\,dx=1-\cos(a)$$

(Lösungscode: SB05EI0D002)

2.3 Hauptsatz der Differenzial- und Integralrechnung

Wir haben nun alle wichtigen Hilfsaussagen zusammengetragen und können uns dem zentralen Satz der grundlegenden Analysis zuwenden, dem Hauptsatz der Differenzial- und Integralrechnung. Um es kurz zu machen: Es wird sich zeigen, dass die Integration eine Umkehrung der Differenziation darstellt, was insbesondere für die Berechnung von Integralen grundlegend ist.
Als Vorbereitung des Satzes beginnen wir mit der Definition des Integrals als eine Funktion, welche nur von der Obergrenze des jeweiligen Integrals abhängt.

Definition 2.3.1. *(Integralfunktion)*
Sei $f : [a, b] \to \mathbb{R}$ *auf* $[a, b]$ *integrierbar. Dann definiert man* [2]

$$F(t) := \int_a^t f(x)\,dx, \quad t \in [a, b]$$

$F : [a, b] \to \mathbb{R}$ *ist damit eine Funktion von* t*, eine sogenannte* **Integralfunktion** *zu* f*.*

Die Eigenschaften von F sind in den folgenden Bemerkungen zusammengefasst.

Bemerkungen 2.3.1.
Seien $F : [a, b] \to \mathbb{R}$ *nach Definition 2.3.1 und* $c \in \mathbb{R}$ *gegeben. Dann folgt*

1. $F(a) = 0$
2. $F(b) = \int_a^b f(x)\,dx$
3. F *ist stetig.*
4. *Die Integralfunktion* F *lässt sich verallgemeinern als Funktion*

$$F_c(t) = c + \int_a^t f(x)\,dx$$

mit $F(a) = c$*.*

[2] nach Proposition 2.2.1

Beweis. (Die Stetigkeit von F)
Für den Nachweis der Stetigkeit von F ist zu zeigen:

$$\lim_{h\to 0} F(t+h) = F(t)$$

Betrachten wir zuerst $F(t+h)$

$$\begin{aligned} F(t+h) &= \int_a^{t+h} f(x)\,dx = \int_a^t f(x)\,dx + \int_t^{t+h} f(x)\,dx \\ &= F(t) + \int_t^{t+h} f(x)\,dx \end{aligned}$$

Es bleibt zu zeigen:

$$\int_t^{t+h} f(x)\,dx \overset{h\to 0}{\to} 0$$

Dies gilt aber wegen

$$\int_t^{t+h} f(x)\,dx \overset{Satz\ 2.2.3}{=} \mu_h((t+h)-t) = \underbrace{\mu_h}_{\text{beschränkt}} \cdot h \overset{h\to 0}{\longrightarrow} 0$$

μ_h ist beschränkt, da f beschränkt ist. □

Die Frage, ob oder wann vielleicht F sogar differenzierbar ist, wird sich im Hauptsatz klären. Damit im Hauptsatz dann alles glatt geht, führen wir jetzt den Begriff der Stammfunktion ein.

Definition 2.3.2. *(Stammfunktion)*
Seien $f, F : [a,b] \to \mathbb{R}$ Funktionen. Sei F stetig auf $[a,b]$ und differenzierbar auf $]a,b[$ mit $F'(x) = f(x)$, so nennt man F eine **Stammfunktion** *von f.*

Es wird in Definition 2.3.2 absichtlich nur von „einer“ Stammfunktion gesprochen, da eine Stammfunktion zu f nie eindeutig sein kann, wie die folgenden Bemerkungen zeigen:

Bemerkungen 2.3.2.

1. *Mit F ist auch $F(x) + C$ $(C \in \mathbb{R})$ eine Stammfunktion von f.*

2. *Sind F, G Stammfunktionen von f, dann existiert ein $C^* \in \mathbb{R}$, mit $F(x) - G(x) = C^*$.*

Alle Stammfunktionen zu einer gegebenen Funktion f lassen sich in einer Menge zusammenfassen.

Definitionen 2.3.3. *(Unbestimmtes Integral)*
Sei $f : [a,b] \to \mathbb{R}$ integrierbar.

1. *Man definiert* **das unbestimmte Integral** *von f als die Menge aller Stammfunktionen F:*

$$\int f(x)\,dx := \{F : [a,b] \to \mathbb{R} \text{ stetig; } F'(x) = f(x) \text{ für alle } x \in]a,b[\} \tag{2.10}$$

2. *Da sich nach den Bemerkungen 2.3.2 je zwei Stammfunktionen von f nur durch eine additive Konstante unterscheiden, stellt man* **das unbestimmte Integral** *vereinfacht als Summe aus einer beliebigen Stammfunktion F zu f und einer unbestimmten Konstanten dar*

$$\int f(x)\,dx := F(x) + C \quad (C \in \mathbb{R}) \tag{2.11}$$

Aus der Definition 2.3.3 folgen formal zwei Zusammenhänge für das unbestimmte Integral:

Korollar 2.3.1.
Seien $f, F : [a,b] \to \mathbb{R}$, f auf $[a,b]$ integrierbar, F stetig auf $[a,b]$ und auf $]a,b[$ differenzierbar, mit $F'(x) = f(x)$.

1.
$$\int F'(x)\,dx = F(x) + C \quad (C \in \mathbb{R})$$

2.
$$\frac{d}{dx}\int f(x)\,dx = f(x)$$

Da $C \in \mathbb{R}$ nur als Platzhalter für irgendeine reelle Konstante dient, wird man in einer Rechnung mit mehreren unbestimmten Integralen die einzelnen Konstanten nicht explizit unterscheiden.
Das Korollar 2.3.1 zeigt bereits, dass Integration und Differenziation einander umkehren. Dass dieser Zusammenhang aber auch für die Integralfunktion und damit für das bestimmte integral gilt, können wir jetzt im Hauptsatz der Differenzial- und Integralrechnung formulieren.

Satz 2.3.1.

Der Hauptsatz (der Differenzial- und Integralrechnung)

Sei $f : [a, b] \to \mathbb{R}$ stetig. Dann gilt:

1. *Die durch $F(t) = \int_a^t f(x)\,dx$, $(t \in [a, b])$, definierte Funktion ist eine Stammfunktion von f.*

2. *Ist F eine beliebige Stammfunktion von f, so gilt:*

$$\int_a^b f(x)\,dx = F(b) - F(a)$$

Beweis.

- Zu *1.*: Zu zeigen ist

$$\lim_{h\to 0} \frac{F(t+h) - F(t)}{h} = f(t), \text{ für } t \in [a, b] \tag{2.12}$$

Betrachtet man den Zähler in (2.12), gilt

$$F(t+h) - F(t) = \int_t^{t+h} f(x)\,dx = f(x_h) \cdot ((t+h) - t) = f(x_h) \cdot h \tag{2.13}$$

für ein $x_h \in [t, t+h]$, nach Satz 2.2.3 und es ergibt sich

$$\frac{F(t+h) - F(t)}{h} = \frac{f(x_h) \cdot h}{h} = f(x_h)$$

$$\text{und es folgt } x_h \overset{h\to 0}{\longrightarrow} t \overset{f \text{ stetig}}{\Rightarrow} f(x_h) \to f(t)$$

□

- Zu *2.*: Sei F eine beliebige Stammfunktion. Nach Beweis zu *1.* ist $F(t) = \int_a^t f(x)\,dx$ eine Stammfunktion von f.

$$\Rightarrow \int_a^t f(x)\,dx = F(t) + C$$

mit $t = a$, folgt:

$$0 = \int_a^a f(x)\,dx = F(a) + C \quad \Rightarrow \quad C = -F(a)$$

$$\Rightarrow \quad \int_a^b f(x)\,dx = F(b) - F(a)$$

□

Eine der zentralen Aussagen des Hauptsatzes der Integral- und Differenzialrechnung besteht darin, dass Integration und Differenziation einander aufheben, denn mit $F'(x) = f(x)$ (f stetig) folgt automatisch

$$\int_a^b F'(x)\,dx = F(b) - F(a)$$

Bemerkung 2.3.3. *(Notationen bestimmtes Integral)*
Für die Auswertung eines bestimmten Integrals einer Funktion f, $f : [a,b] \to \mathbb{R}$, mit einer Stammfunktion $F : [a,b] \to \mathbb{R}$ existieren die folgenden **Notationen***:*

$$\int_a^b f(x)\,dx = [F(x)]_a^b = F(x)|_a^b = F(b) - F(a)$$

Wir werden üblicher Weise auf die Schreibweise $[\,.\,]$ zurückgreifen.

Damit liefert der Haupsatz 2.3.1 zusammen mit dem Korollar 2.3.1 einen direkten Zugang zur Berechnung von Integralen durch Umkehrung der aus [SM04] bekannten Differenziationsregeln.
Bei guter Kenntnis der Differenziationsregeln lassen sich Stammfunktionen durch „einfaches Hinschauen“ bestimmen und damit die zugehörigen Integrationen ausführen. Im englischsprachigen Raum nennt man diesen Ansatz zum Lösen von Integralen „Integration by Sight“.

Satz 2.3.2. *(„Integration by Sight“ Teil 1: Grundintegrale)*
Im Folgenden sei $C \in \mathbb{R}$ beliebig.

1.
$$\int K\,dx = K \cdot x + C\,, \quad K \in \mathbb{R}$$

2.
$$\int x^t\,dx = \frac{x^{t+1}}{t+1} + C, \quad t \in \mathbb{R} \setminus \{-1\}$$

3.
$$\int \frac{1}{x}\,dx = \ln|x| + C$$

4.
$$\int \frac{1}{\sqrt{x}}\,dx = 2\sqrt{x} + C$$

5.
$$\int \sin(x)\,dx = -\cos(x) + C$$

6.
$$\int \cos(x)\,dx = \sin(x) + C$$

7.
$$\int a^x\,dx = (\ln(a))^{-1} \cdot a^x + C, \quad a > 0,\ a \neq 1$$

8.
$$\int e^x\,dx = e^x + C$$

9.
$$\int \frac{1}{\cos^2(x)}\,dx = \tan(x) + C$$

10.
$$\int \left(1 + \tan^2(x)\right)\,dx = \tan(x) + C$$

11.
$$\int \frac{1}{\sin^2(x)}\,dx = -\cot(x) + C$$

12.
$$\int \frac{1}{\sqrt{1-x^2}}\,dx = \arcsin(x) + C$$

13.
$$\int \frac{1}{1+x^2}\,dx = \arctan(x) + C$$

14.
$$\int \frac{1}{\sqrt{1+x^2}}\,dx = \operatorname{arsinh}(x) + C$$

15.
$$\int \frac{1}{\sqrt{x^2-1}}\,dx = \operatorname{arcosh}(x) + C$$

16.
$$\int \frac{1}{1-x^2}\,dx = \operatorname{artanh}(x) + C$$

Mit dem „Integration by Sight“-Ansatz kann die Integralberechnung methodisch dadurch umgesetzt werden, dass man den Integranden eines gegebenen Integrals in eine Form umschreibt, welche Ergebnis der Differenziation einer bekannten Stammfunktion ist und sich anschließend Integration und Differenziation gegenseitig „aufheben“.

Mit Hilfe der Grundintegrale aus Satz 2.3.2 lassen sich auch zusammengesetzte Funktionen integrieren, wozu wir das Vorgehen mit einem Beispiel veranschaulichen.

Beispiel 2.3.1. *(Integration einer zusammengesetzten Funktion)*
Sei

$$f(x) = \begin{cases} x^{-1}, & \text{für } 1 \leq x \leq 2 \\ x^2, & \text{für } 2 < x \leq 3 \end{cases}$$

Dann ist das Integral von f über $[1, 3]$ abschnittsweise berechenbar:

$$\begin{aligned} \int_1^3 f(x)\,dx &= \int_1^2 f(x)\,dx + \int_2^3 f(x)\,dx = \int_1^2 \frac{1}{x}\,dx + \int_2^3 x^2\,dx \\ &= [\ln(x)]_1^2 + \left[\frac{x^3}{3}\right]_2^3 \\ &= (\ln(2) - \ln(1)) + \left(\frac{3^3}{3} - \frac{2^3}{3}\right) \\ &= \ln(2) + \frac{19}{3} \end{aligned}$$

Ein nützliche Hilfsaussage (hier ohne Beweis) ist der Satz über die Integrierbarkeit von Potenzreihen, da diese auf ihrem Konvergenzbereich je Summand integriert werden können

Satz 2.3.3. *(Integration von Potenzreihen)*
Ist

$$f(x) = \sum_{n=0}^{\infty} a_n (x - x_0)^n$$

eine Potenzreihe mit Konvergenzradius $r > 0$, so gilt:

f ist auf jedem Intevall $[x_0 - \epsilon, x_0 + \epsilon]$, $(0 < \epsilon < r)$, integrierbar mit einer Stammfunktion

$$F(x) = \sum_{n=0}^{\infty} \frac{a_n}{n+1} (x - x_0)^{n+1}$$

Bemerkung 2.3.4.
Es existieren übrigens durchaus einfache Funktionsterme, die keine analytisch geschlossen darstellbare Stammfunktion besitzen, wie z. B.

$$e^{x^2}, \frac{1}{\ln(x)}, \frac{sin(x)}{x}, x^x, \ldots \tag{2.14}$$

Funktionsterme wie in (2.14) werden auch gerne „nicht integrierbar" genannt, was formal nicht korrekt ist, da deren Integration nur andere Methoden erfordert.
Für die Berechnung von Integralen mit Integranden wie (2.14) verwendet man dann z. B. numerische Verfahren (siehe Kapitel 3) oder Abschätzungen, wie das folgende Beispiel zeigt.

Beispiel 2.3.2. *(Fehlerfunktion)*
$f(x) = e^{-x^2}$, ist für alle $x \in \mathbb{R}$ stetig. f ist die sogenannte Fehlerfunktion[3]*. Da f stetig ist, gibt es auch eine Stammfunktion F zu f.*

> *Aber: F kann nicht durch bekannte elementare Funktionen dargestellt werden.*

Wir wollen mit Hilfe von Satz 2.3.3 das Integral

$$\int_0^1 e^{-x^2}\, dx$$

näherungsweise bestimmen. Wir wissen (siehe [SM04]), dass die Taylorreihe zu $x_0 = 0$ von $f(x) = e^{-x^2}$

$$T_f(x) = \sum_{n=0}^{\infty} (-1)^n \frac{1}{n!} x^{2n}$$

lautet. Damit ergibt sich mit Satz 2.3.3:

$$F(x) = \sum_{n=0}^{\infty} (-1)^n \frac{1}{n!(2n+1)} x^{2n+1}$$

und so die formale Lösung des Integrals

$$\int_0^1 e^{-x^2}\, dx = F(1) - F(0) = F(1) = \sum_{n=0}^{\infty} (-1)^n \frac{1}{n!(2n+1)}$$

[3] Der Graph von f wird auch die Gaußsche Glockenkurve genannt und ergibt sich als Grenzwert der Verteilung der arithmetischen Mittelwerte vieler Messungen einer Größe.

womit man $F(1)$ bis auf 6 Stellen hinter dem Komma genau abschätzen kann:

$$\sum_{n=0}^{7}(-1)^n \frac{1}{n!(2n+1)} \leq F(1) \leq \sum_{n=0}^{8}(-1)^n \frac{1}{n!(2n+1)}$$

Zum Schluss geben wir noch ein einfaches Beispiel aus der Technik an, bei dem es um die Berechnung der Spannarbeit einer Schraubenfeder geht.

Beispiel 2.3.3. *(Spannarbeit einer Schraubenfeder)*
Möchte man die Spannarbeit W_{sp} bei einer auf Zug belasteten Schraubenfeder bestimmen, so ist die Kraft F, die an der Schraubenfeder angreift, für kleine Dehnungen nach dem Hookschen Gesetz nur vom Dehnungsweg s abhängig:

$$F(s) = D \cdot s \qquad (D: \textit{ Federhärte})$$

Wird nun die Spannarbeit W_{sp} über einen zur Kraftwirkung F parallen Weg von s_0 nach s_1 hin verrichtet, so berechnet sich W_{sp} für kleine Auslenkungen $\Delta s = s_1 - s_0$ zu

$$W_{sp} = \int_{s_0}^{s_1} F(s)\,ds = \int_{s_0}^{s_1} D \cdot s\,ds = \left[D \cdot \frac{s^2}{2}\right]_{s_0}^{s_1} = \frac{1}{2} \cdot D \cdot \left(s_1^2 - s_0^2\right)$$

2.3.1 Kurzaufgaben zum Verständnis

1. Ist $f : [a, b] \longrightarrow \mathbb{R}$ beschränkt und bis auf endlich viele Stellen $x_1, \ldots, x_n \in [a, b]$ stetig, so gilt für

$$F(t) = \int_a^t f(x)\, dx \; : \; F'(x) = f(x) + C\,,\; C \in \mathbb{R}^*\,,$$

bis auf die endlich vielen Stellen $x_1, \ldots, x_n$.

☐ wahr ☐ falsch

2. Sind $f, g : [a, b] \longrightarrow \mathbb{R}$ stetig und gilt für $F(t) = \int_a^t f(x)\, dx$ und $G(t) = \int_a^t g(x)\, dx$, dass $F(t) = G(t)$ auf $[a, b]$, so folgt $f = g$.

☐ wahr ☐ falsch

3. Ist $f : [a, b] \longrightarrow \mathbb{R}$ stetig und auf $]a, b[$ differenzierbar mit $f'(x) \geq 0$, dann ist jede Stammfunktion konvex.

☐ wahr ☐ falsch

4. $f : [0, 1] \longrightarrow \mathbb{R}$ ist mit $f(x) = \sin(\frac{1}{x})$ für $x \neq 0$ und $f(0) = 0$ integrierbar.

☐ wahr ☐ falsch

5. Ist $f : [a, b] \longrightarrow \mathbb{R}$ monoton und bei $x_0 \in]a, b[$, stetig, dann ist jede Stammfunktion von f bei x_0 differenzierbar.

☐ wahr ☐ falsch

6. Ist $f : [-1, 1] \longrightarrow \mathbb{R}$ monoton und punktsymmetrisch, dann gilt

$$\int_{-1}^{1} f(x)\, dx = 0$$

☐ wahr ☐ falsch

2.3.2 Übungen

Lösungsvideos zu den Übungen können auf www.lsgn24h.de über die Eingabe des Lösungscodes abgerufen werden.

Kl A:

1. Berechnen Sie die folgenden einfachen Integrale:

   (a)
   $$\int 7\,dx$$
   (Lösungscode: SB05HS0A001)

   (b)
   $$\int x^{100}\,dx$$
   (Lösungscode: SB05HS0A002)

   (c)
   $$\int \frac{7}{x^8}\,dx$$
   (Lösungscode: SB05HS0A003)

   (d)
   $$\int (4x^4 + 6x - 1)\,dx$$
   (Lösungscode: SB05HS0A004)

   (e)
   $$\int \left(3\frac{1}{x^2} + 3\sqrt[3]{x} + 4x^{-2,17}\right)\,dx$$
   (Lösungscode: SB05HS0A005)

   (f)
   $$\int \frac{1}{3x+4}\,dx$$
   (Lösungscode: SB05HS0A006)

2. Beweisen Sie die Bemerkungen 2.3.2.

   (Lösungscode: SB05HS0A007)

3. Beweisen Sie Korollar 2.3.1

(Lösungscode: SB05HS0A008)

4. Berechnen Sie den Wert des folgenden Integrals

$$\int_1^{e^2} \frac{1}{x}\,dx$$

(Lösungscode: SB05HS0A009)

Kl B:

1. Gegeben ist die Funktion $f : \mathbb{R} \longrightarrow \mathbb{R}$ gemäß

$$y = f(x) = \begin{cases} f_1(x) = 2 - x^2 & \text{für } |x| \leq 1 \\ f_2(x) = \frac{1}{x^2} & \text{für } |x| > 1 \end{cases}$$

   (a) Zeigen Sie, dass diese Funktion f stetig ist. Sie können annehmen, dass die Funktionen f_1 und f_2 stetig sind.

   (Lösungscode: SB05HS0B001)

   (b) Ist f auch differenzierbar? Auch hier können Sie die Differenzierbarkeit von f_1 und f_2 voraussetzen.

   (Lösungscode: SB05HS0B002)

   (c) Welche Punkte der zugehörigen Kurve haben vom Nullpunkt den kleinsten Abstand? Wie groß ist er?

   (Lösungscode: SB05HS0B003)

   (d) Berechnen Sie die Fläche, die von der Kurve und der x-Achse im Bereich $0 \leq x \leq a$, $(a > 0)$ eingeschlossen wird. Wie lautet der Wert für $a \to \infty$?

   (Lösungscode: SB05HS0B004)

2. Die Funktion $F : [0, \infty[\longrightarrow \mathbb{R}$, $x \longmapsto F(x) = \int_0^x f(t)dt$ hat bei $x = 5$ ein relatives Extremum und bei $x = 3$ eine Nullstelle. Der Integrand f ist ein Polynom 2.Grades, d. h. $f(t) = at^2 + bt + c$; die Funktion f nimmt für $t = 1$ den Wert $\frac{4}{7}$ an. Bestimmen Sie die Parameter a, b und c.

(Lösungscode: SB05HS0B005)

3. Gegeben seien

$$F(x) = \int_0^x \sin\left(t^2\right) \cdot \ln(1+t)\,dt$$

und

$$G(x) = \int_0^{e^x} \sin\left(t^2\right) \cdot \ln(1+t)\,dt$$

Bestimmen Sie die Ableitungen $F'(x)$ und $G'(x)$.

(Lösungscode: SB05HS0B006)

4. Gegeben ist eine kontinuierliche Linienlast

$$q(x) = q_0 \cdot \frac{x^2}{16a^2}$$

auf einem Balken (gestrichelt). Dabei stehen q_0 für die Lastkonstante und a für den Längenparameter. Für die Einheiten der beteiligten Größen gilt $[x] = [a] = m$ und $[q(x)] = [q_0] = \frac{N}{m}$.

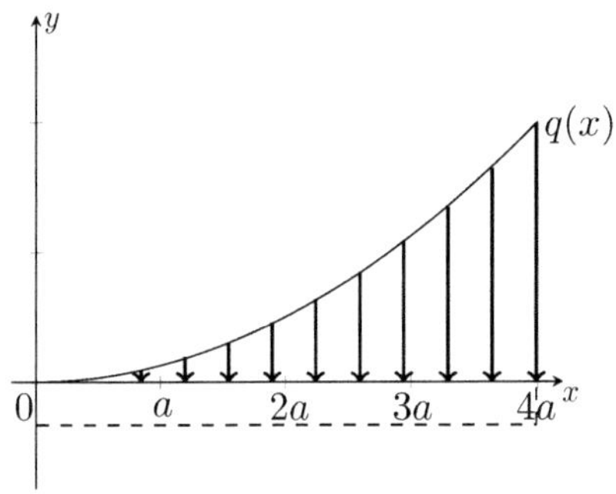

Berechnen Sie den Angriffspunkt x_R der Resultierenden der Linienlast im gegebenen Koordinatensystem mit Hilfe von

$$x_R = \frac{\int x \cdot q(x)\,dx}{\int q(x)\,dx} \tag{2.15}$$

(Lösungscode: SB05HS0B007)

Kl C:

1. Gegeben sei $f : \mathbb{R} \longrightarrow \mathbb{R}$ stetig und ungerade. Man definiere

$$F(t) = \int_0^t f(x)\,dx \quad (t \in \mathbb{R})$$

Welche Eigenschaften hat F? D. h. ist F stetig, differenzierbar und welche Symmetrieeigenschaft hat u. U. F? Wie sieht es aus, wenn f gerade ist? Begründen Sie Ihre Antwort.

(Lösungscode: SB05HS0C001)

2. Es sei $f : \mathbb{R} \longrightarrow \mathbb{R}$ stetig. Zeigen Sie für alle $x \in \mathbb{R}$

$$\int_0^x f(u)(x-u)\,du = \int_0^x \left(\int_0^t f(u)du \right) dt$$

(Lösungscode: SB05HS0C002)

3. Es seien $f : [a,b] \longrightarrow \mathbb{R}$ stetig und $g, h : [c,d] \longrightarrow \mathbb{R}$ differenzierbar auf $]c,d[$. Definieren Sie:

$$F : [c,d] \longrightarrow \mathbb{R},\ F(x) = \int_{g(x)}^{h(x)} f(t)\,dt$$

Zeigen Sie, dass F differenzierbar auf $]c,d[$ ist und bestimmen Sie die Ableitung F'.

(Lösungscode: SB05HS0C003)

4. Es sei $f : [a,b] \longrightarrow \mathbb{R}$ integrierbar. Definieren Sie $F : [a,b] \longrightarrow \mathbb{R}$ durch $F(x) = \int_a^x f(t)dt$. Dann ist F Lipschitz-stetig, also insbesondere gleichmäßig stetig.

(Lösungscode: SB05HS0C004)

5. Bestimmen Sie für $F(x) = \int_0^1 \frac{\sin(xt)}{t}\,dt$ die Ableitung

$$\frac{d}{dx}F(x)$$

(Lösungscode: SB05HS0C005)

6. (Differenzieren unter dem Integral) Es sei für festes $x \in \mathbb{R}$ die Funktion $f(x,\cdot) : \mathbb{R} \longrightarrow \mathbb{R}$ stetig und für festes t $f(\cdot,t) : \mathbb{R} \longrightarrow \mathbb{R}$ stetig differenzierbar.
   Zeigen Sie
   $$\frac{d}{dx}\int_a^b f(x,t)\,dt = \int_a^b \frac{d}{dx} f(x,t)\,dt \tag{2.16}$$
   Verwenden Sie für Ihren Beweis den folgenden
   Satz von Arzela-Osgood (für stetige Funktionen):
   Es seien $a < b$, $(f_n)_{n\in\mathbb{N}}$ eine Folge stetiger Funktionen, die geichmäßig beschränkt ist, d. h. $\exists\, C > 0$, s.d.$\forall n \in \mathbb{N}\ \forall x \in [a,b] : |f(x)| \leq C$ und die gegen eine stetige Funktion $f : [a,b] \longrightarrow \mathbb{R}$ punktweise konvergiert. Dann gilt
   $$\lim_{n\to\infty}\int_a^b f_n(x)\,dx = \int_a^b \lim_{n\to\infty} f_n(x)\,dx$$
   (Lösungscode: SB05HS0C006)

7. Man berechne $\int_0^1 e^{-x^2}\,dx$ auf acht Stellen hinter dem Komma genau.

   (Lösungscode: SB05HS0C007)

Kl D:

1. Beweisen Sie die Opialsche Ungleichung:
   Es sei $f : [a,b] \longrightarrow \mathbb{R}$ stetig differenzierbar und $f(a) = 0$. Dann gilt:
   $$\int_a^b |f(x)f'(x)|\,dx \leq \frac{b-a}{2}\int_a^b (f'(x))^2\,dx$$
   (Lösungscode: SB05HS0D001)

2. Es sei die Funktion
   $$f(x) = \begin{cases} x\sqrt{x}\sin\left(\frac{1}{x}\right) & x > 0 \\ 0 & x = 0 \end{cases}$$
   gegeben.

   (a) Bestimmen Sie die Ableitung $f'(x)$ für $x > 0$.

   (Lösungscode: SB05HS0D002)

(b) Ist f in $x = 0$ differenzierbar?

(Lösungscode: SB05HS0D003)

(c) Zeigen Sie, dass $f'(x)$ auf keinem Intervall $[0, b], b > 0$ integrierbar ist.

(Lösungscode: SB05HS0D004)

3. Zeigen Sie mit (2.16)):

(a) Die Funktion $F : \mathbb{R} \longrightarrow \mathbb{R}$ mit

$$F(t) = \int_0^1 \frac{e^{-(1+x^2)t^2}}{1+x^2}\,dx$$

ist differenzierbar und es gilt:

$$F'(t) = -2e^{-t^2} \cdot \int_0^t e^{-u^2}\,du$$

(Lösungscode: SB05HS0D005)

(b) Mit Teilaufgabe (a) zeigen Sie nun

$$\left(\int_0^t e^{-u^2}\,du\right)^2 = \frac{\pi}{4} - F(t)$$

und schließlich

$$\lim_{t\to\infty} \int_0^t e^{-u^2}\,du = \frac{1}{2}\sqrt{\pi}$$

(Lösungscode: SB05HS0D006)

2.4 Integrationsmethoden

Für das Berechnen von Integralen und damit für das Ermitteln von Stammfunktionen zu einem gegebenen Integranden existieren einige Methoden. In diesem Kapitel stellen wir Integrationsmethoden vor, welche zum einen die Umkehrungen von einzelnen Differenziationsregeln, wie die Produkt- oder die Kettenregel verwenden und zum anderen Integranden auf Terme mit bekannten Stammfunktionen umschreiben.

Wir starten mit der Regel der *Partiellen Integration*, welche eine Umkehrung der Produktregel der Differenziation darstellt. Der Beweis ergibt sich mit Hilfe des Hauptsatzes 2.3.1.

Satz 2.4.1. *(Partielle Integration)*
Seien $f, g : [a, b] \longrightarrow \mathbb{R}$ differenzierbar und f' und g' auf $[a, b]$ integrierbar.
Für unbestimmte Integrale gilt die Regel für die **Partielle Integration**

$$\int f'(x) \cdot g(x)\,dx = f(x) \cdot g(x) - \int f(x) \cdot g'(x)\,dx \tag{2.17}$$

und analog für das zugehörige bestimmte Integral

$$\int_a^b f'(x) \cdot g(x)\,dx = [f(x) \cdot g(x)]_a^b - \int_a^b f(x) \cdot g'(x)\,dx \tag{2.18}$$

Bemerkungen 2.4.1.

- *$(f \cdot g')$ besitzt eine Stammfunktion genau dann, wenn $(f' \cdot g)$ eine besitzt.*
- *Der Beweis von (2.17) basiert auf der folgenden Umstellung der Ableitung des Produkts $f \cdot g$*

  $$(f \cdot g)' = f' \cdot g + f \cdot g' \Leftrightarrow f' \cdot g = (f \cdot g)' - f \cdot g'$$

  und anschließender Integration beider Seiten.
- *Vergleicht man die zwei Seiten von (2.17), so ergibt sich, dass zur Funktion f' links deren Stammfunktion f rechts zugeordnet ist und zur Funktion g links auf der rechten Seite deren Ableitung g'.*
  Hat man folglich ein Integral vorliegen, in dessen Integrand das Produkt zweier Funktionen gegeben ist, so ist es meist sinnvoll, sich zu überlegen, welche der beiden Funktion eine leicht bestimmbare Stammfunktion besitzt (z. B. f') und welche sich beim Differenzieren bestenfalls vereinfacht (z. B. g).

In den folgenden Beispielen für Partielle Integration werden wir auf drei Varianten der Partiellen Integration aufmerksam machen, die zum Teil blumige Bezeichnungen tragen, wie „Phönix aus der Asche", „Faktor 1" und „Mehrfache Partielle Integration".

Beispiele 2.4.1.
Im Folgenden gelte für die Integrationskonstanten $C \in \mathbb{R}$.

1. *(Merkphrase zur Methodik: „Phönix aus der Asche")*
   Bestimmt werden soll das Integral $\int \sin^2(x)\,dx$

$$\begin{aligned}\int \sin^2(x)\,dx &= \int \underbrace{\sin(x)}_{f'(x)} \cdot \underbrace{\sin(x)}_{g(x)}\,dx \\ &= -\cos(x)\cdot\sin(x) + \int \underbrace{\cos^2(x)}_{1-\sin^2(x)}\,dx \\ &= -\cos(x)\cdot\sin(x) + x + C - \underbrace{\int \sin^2(x)\,dx}_{\text{„Phönix"-Term}}\end{aligned}$$

   und damit folgt nach Addition des „Phönix" auf beiden Seiten

$$2\int \sin^2(x)\,dx = -\cos(x)\cdot\sin(x) + x + C$$

   also

$$\int \sin^2(x)\,dx = \frac{1}{2}\left(x - \cos(x)\cdot\sin(x)\right) + C$$

2. *(Merkphrase zur Methodik: „Faktor 1")*
   Berechnet werden soll das Integral $\int \ln(x)\,dx$*, welches im Integranden kein Produkt von Funktionen aufweist. Gelöst wird dieses Problem durch das Einfügen eines Faktors 1:*

$$\begin{aligned}\int \ln(x)\,dx &= \int \underbrace{1}_{f'(x)} \cdot \underbrace{ln(x)}_{g(x)}\,dx \\ &= x\cdot\ln(x) - \int x\cdot\frac{1}{x}\,dx = x\cdot\ln(x) - x + C \\ &= x\cdot(\ln(x)-1) + C\end{aligned}$$

3. *(Merkphrase zur Methodik: „Mehrfache Partielle Integration“)* *Ermittelt werden soll eine Stammfunktion von* $x^n \cdot e^x$, $(n \in \mathbb{N})$.

$$\begin{aligned} n=1: \quad & \int x \cdot e^x \, dx &=& \; e^x \cdot (x-1) + C \qquad (C \in \mathbb{R}) \\ n=2: \quad & \int x^2 \cdot e^x \, dx &=& \; x^2 \cdot e^x - \int 2 \cdot x \cdot e^x \, dx + C \\ && =& \; x^2 \cdot e^x - 2 \cdot (e^x(x-1) - C) + C \\ && =& \; x^2 \cdot e^x - 2 \cdot (e^x(x-1)) + C \\ && =& \; e^x \cdot (x^2 - 2x + 2) + C \end{aligned}$$

Allgemein gilt übrigens (Beweis mittels vollständiger Induktion):

$$\int x^n \cdot e^x \, dx = n! \sum_{k=0}^{n} \frac{(-1)^{n-k} \cdot x^k}{k!} \cdot e^x + C \tag{2.19}$$

Alle Ergebnisse in den Beispielen 2.4.1 lassen sich überprüfen, indem sich aus ihrer jeweiligen Ableitung der entsprechende Integrand ergeben muss.
So wie die Partielle Integration auf der Umkehrung der Produktregel der Differenziation beruht, basiert die *Substitution* als Integrationsmethode auf der Umkehrung der Kettenregel der Differenziation.

Satz 2.4.2. *(Substitution)*
Es seien $I \subset \mathbb{R}$ *ein Intervall und* $f : I \longrightarrow \mathbb{R}$, $g : [a, b] \to I$ *stetig differenzierbar auf* $[a, b]$.

1. *Besitzt* f *eine Stammfunktion, so besitzt* $(f \circ g) \cdot g'$ *ebenfalls eine Stammfunktion und es gilt:*

$$\int_{g(a)}^{g(b)} f(x) \, dx = \int_a^b f(g(t)) \cdot g'(t) \, dt \tag{2.20}$$

2. *Besitzt* f *eine Stammfunktion und ist* g *streng monoton wachsend (fallend), so existiert* g^{-1} *und es gilt:*

$$\int_\alpha^\beta f(x) \, dx = \int_{g^{-1}(\alpha)}^{g^{-1}(\beta)} f(g(t)) \cdot g'(t) \, dt \qquad \alpha, \beta \in I \tag{2.21}$$

Bemerkungen 2.4.2.

- *Praktisch existieren zwei Anwendungsfälle für die Substitution.*
    1. *Zum einen kann in der Funktion f ein Term $g(t)$ durch eine Variable x substituiert werden: $g(t) := x$*
    2. *Zum anderen kann die Variable x in der Funktion f durch einen Funktionsterm $g(t)$ ersetzt werden: $x := g(t)$*
- *So wie das Argument x von f bei der Wahl $x = g(t)$ substituiert wird, muss auch das Differenzial des Integrals dx substituiert werden.*
  Sehr praktisch ist hierfür die Rechenmethodik aus der Physik, bei welcher erst differenziert und anschließend nach dem Differenzial formal aufgelöst wird

  $$x = g(t) \Rightarrow \frac{dx}{dt} = g'(t) \Rightarrow dx = g'(t) \cdot dt$$

  Genaugenommen ist das Auflösen nach dem Differenzial dx eigentlich nicht gestattet, da es sich bei $\frac{dx}{dt}$ um eine Notation für einen Grenzübergang handelt, siehe [SM04]. Es vereinfacht die Anwendung der Substitution jedoch deutlich.
- *Bei bestimmten Integralen sind, wie in Satz 2.4.2 gegeben, auch die Integrationsgrenzen zu substituieren. Als hilfreich, um nicht den Überblick zu verlieren, hat sich oft das Aufstellen einer Tabelle zur Substitution der Obergrenze (OG) und der Untergrenze (UG) des Integrals bewährt. Z. B.:*

  $$\int_{\alpha}^{\beta} f(x)\,dx \;\Rightarrow\; x = g(t) \;\Rightarrow\; t = g^{-1}(x)$$

  $\Rightarrow$

	x	t
OG	β	$g^{-1}(\beta)$
UG	α	$g^{-1}(\alpha)$

  $$\Rightarrow \frac{dx}{dt} = g'(t) \;\Rightarrow\; dx = g'(t) \cdot dt \;\Rightarrow\; \int_{g^{-1}(\alpha)}^{g^{-1}(\beta)} f(g(t)) \cdot g'(t)\,dt$$

In den folgenden Beispielen zur Substitution werden in den ersten Beispielen die einzelnen methodischen Schritte der Substitution noch detailliert aufgelistet.

Beispiele 2.4.2.

1. *Berechnet werden soll das folgende Integral*

$$I = \int_3^8 e^{\sqrt{x+1}}\,dx$$

   (a) *Wahl der Substitution:* $t = \sqrt{x+1}$

   (b) *Anpassen des Differenzials:*

$$x = \underbrace{t^2 - 1}_{g(t)} \Rightarrow \frac{dx}{dt} = 2t \;\Rightarrow\; dx = 2t\,dt$$

   (c) *Anpassen der Integrationsgrenzen:* $3 \leq x \leq 8 \Rightarrow 2 \leq t \leq 3$

   (d) *Integration ausführen:*

$$\begin{aligned} I &= \int_2^3 e^t \cdot 2t\,dt = 2 \cdot \left[e^t(t-1)\right]_2^3 \\ &= 2\left(2e^3 - e^2\right) = 4e^3 - 2e^2 \end{aligned}$$

2. *Mit Hilfe von Substitution kann auch eine Stammfunktion des* $\tan(x)$ *ermittelt werden.*

$$I_1 = \int \tan(x)\,dx = \int \frac{\sin(x)}{\cos(x)}\,dx$$

   (a) *Wahl der Substitution:* $u = \cos(x)$

   (b) *Anpassen des Differenzials:* $\frac{du}{dx} = -\sin(x) \Rightarrow dx = \frac{du}{-\sin(x)}$

   (c) *Integration ausführen:*

$$I_1 = \int \frac{1}{u} \cdot \frac{\sin(x)}{-\sin(x)}\,du = -\ln|u| + C \qquad (C \in \mathbb{R})$$

   (d) *Rücksubstitution:*

$$\begin{aligned} \int \tan(x)\,dx &= -\ln|u| + C \\ &= -\ln|\cos(x)| + C \end{aligned}$$

3.

$$I_2 = \int_0^2 x \cdot \sqrt{2x^2+1}\,dx$$

$$t = 2x^2+1 \;\Rightarrow\; \frac{dt}{dx} = 4x \Rightarrow dx = \frac{dt}{4x} \quad \&$$

	x	t
OG	2	9
UG	0	1

$$\begin{aligned} I_2 &= \int_1^9 x \cdot \sqrt{t}\,\frac{dt}{4x} = \frac{1}{4}\int_1^9 \sqrt{t}\,dt = \frac{1}{4}\cdot\frac{1}{\frac{1}{2}+1}\left[t^{\frac{1}{2}+1}\right]_1^9 \\ &= \frac{13}{3} \end{aligned}$$

4.

$$I_3 = \int \frac{1}{\sqrt{x^2+1}}\,dx$$

$$\begin{aligned} x = \sinh(t) \;&\Rightarrow\; \frac{dx}{dt} = \cosh(t) \\ \Rightarrow\; t = \operatorname{arsinh}(x) \;&\&\; dx = \cosh(t)dt \end{aligned}$$

$$\begin{aligned} I_3 &= \int \frac{1}{\sqrt{\sinh^2(t)+1}}\cosh(t)\,dt \\ &= \int \frac{\cosh(t)}{\sqrt{\cosh^2(t)}}\,dt \\ &= \int 1\,dt = t + C \qquad (C \in \mathbb{R}) \\ &= \operatorname{arsinh}(x) + C \end{aligned}$$

Bemerkungen 2.4.3.

- *Gerade die Lösung des Integrals I_3 der Nummer* 4. *aus den Beispielen 2.4.2 wäre auch einfach zu notieren gewesen, da es sich ja um eines der „Integration by Sight“-Integrale aus Satz 2.3.2 handelt.*
- *Praktisch ergibt sich vor der Anwendung der Substitution immer die Frage, welchen Term eines Integranden man für eine Substitution verwenden kann. Eine Antwort setzt, neben der notwendigen Routine, vor allem die Kenntnis der Umkehrung der Kettenregel in vielen Einzelfällen voraus.*

Basierend auf der Substitutionsregel lassen sich eine Reihe von Strukturen von Integranden identifizieren, deren Lösungen auf der Umkehrung der Kettenregel beruhen, wie in den Bemerkungen 2.4.3 bereits erwähnt wurde.
Die zugehörigen Integralstrukturen werden im Englischen wie in Satz 2.3.2 unter dem Begriff „Integrations by Sight“ zusammengefasst.
Zum Lösen von Integralen dieses Typs ist es erforderlich, die Strukturanteile der Funktionsterme $f(x)$ den Termen der Ableitung $f'(x)$ an der entsprechenden Stelle im Integranden korrekt zuzuordnen.
Der Nachweis der Korrektheit der Lösungen der einzelnen unbestimmten Integrale erfolgt, in dem man jeweils die rechte Seite (Stammfunktion) ableitet und mit dem Integranden vergleicht. Nach dem Hauptsatz müssen Ableitung und Integrand übereinstimmen.

Satz 2.4.3. *(„Integration by Sight“ Teil 2: Grundstrukturen)*
Im Folgenden sei jeweils $C \in \mathbb{R}$.

1. $$\int f'(x) \cdot \sin(f(x))\, dx = -\cos(f(x)) + C$$

2. $$\int f'(x) \cdot \cos(f(x))\, dx = \sin(f(x)) + C$$

3. $$\int f'(x) \cdot e^{f(x)}\, dx = e^{f(x)} + C$$

4. $$\int \frac{f'(x)}{f(x)}\, dx = \ln|f(x)| + C,\ f(x) \neq 0$$

5. $$\int \frac{f'(x)}{(f(x))^2}\, dx = -\frac{1}{f(x)} + C,\ f(x) \neq 0$$

6. $$\int \frac{f'(x)}{\sqrt{f(x)}}\, dx = 2\sqrt{f(x)} + C,\ f(x) > 0$$

7. $$\int \frac{f'(x)}{1 + (f(x))^2}\, dx = \arctan(f(x)) + C$$

8.

$$\int f'(x) \cdot (f(x))^t \, dx = \frac{(f(x))^{t+1}}{t+1} + C$$

9.

$$\int \frac{f'(x)}{\sqrt{1-(f(x))^2}} \, dx = \arcsin(f(x)) + C, \ |f(x)| < 1$$

10.

$$\int \frac{f'(x)}{\sqrt{1+(f(x))^2}} \, dx = \operatorname{arsinh}(f(x)) + C$$

11.

$$\int \frac{f'(x)}{\sqrt{(f(x))^2-1}} \, dx = \operatorname{arcosh}(f(x)) + C, \ |f(x)| > 1$$

12.

$$\int \frac{f'(x)}{1-(f(x))^2} \, dx = \operatorname{artanh}(f(x)) + C, \ |f(x)| < 1$$

Neben den „Integration by Sight“-Integralen, deren Anwendung darauf beruht, dass man die Struktur eines Integranden einem der Integrale aus Satz 2.4.3 oder Satz 2.4.3 zuordnen kann, den Methoden der partiellen Integration und der Substitution existiert noch eine formale Methode, die Anwendung bei der Integration von gebrochenrationalen Funktionen findet.

Wie in [SM04] behandelt, lässt sich der Term einer echt gebrochenrationalen Funktion

$$f(x) = \frac{p_n(x)}{q_m(x)},$$

bestehend aus den beiden Polynomen $p_n(x)$ und $q_m(x) \neq 0$, mit $\text{grad}(p_n(x)) > \text{grad}(q_m(x))$ in eine Summe von Partialbrüchen zerlegen. Diese Partialbruchzerlegung (PBZ) führt bei der Integration von f auf das Auswerten von vier Standardintegralen.

Satz 2.4.4. *(Integration mittels PBZ)*
Sei $f : [a,b] \to \mathbb{R}$, $x \mapsto \frac{p_n(x)}{q_m(x)}$ *eine echt gebrochenrationale Funktion* $(q_m(x) \neq 0)$ *und besitze das Polynom* $q_m(x)$ *die folgende Faktorisierung*

$$\begin{aligned} q_m(x) &= a_m \cdot (x-\xi_1)^{r_1} \cdot \ldots \cdot (x-\xi_k)^{r_k} \\ &\quad \cdot (x^2+b_1x+c_1)^{s_1} \cdot \ldots \cdot (x^2+b_tx+c_t)^{s_t} \end{aligned} \tag{2.22}$$

wobei in (2.22) die ξ_i, $i = 1, \ldots, k$, *die reellen Nullstellen von* q_m *sind, mit den jeweiligen Vielfachheiten* $r_i \in \mathbb{N}$.
$b_j, c_j \in \mathbb{R}$ *sind die reellen Koeffizienten in den quadratischen unzerlegbaren Faktoren, welche mit den jeweiligen Vielfachheiten* $s_j \in \mathbb{N}$ *auftreten,* $j = 1, \ldots, t$. a_m *ist der Leitkoeffizient von* q_m.
Dann zerfällt das Integral $\int_a^b f(x)\,dx$ *durch die zugehörige PBZ in eine Summe, in der nur die folgenden vier Standardintegrale mit bekannter Lösung auftreten* $(C \in \mathbb{R})$:

1. *(*ξ_i*: Nullstelle von* q_m *der Vielfachheit* 1*)*

$$I_1 := \int \frac{1}{x-\xi_i}\,dx = \ln|x-\xi_i| + C \tag{2.23}$$

2. *(*ξ_i*: Nullstelle von* q_m *der Vielfachheit* $r_i > 1$*)*

$$I_2 := \int \frac{1}{(x-\xi_i)^{r_i}}\,dx = -\frac{1}{(r_i-1)(x-\xi_i)^{r_i-1}} + C \tag{2.24}$$

3. *(*$x^2 + b_jx + c_j$*: Unzerlegbarer quadratischer Faktor von* q_m *der Vielfachheit* 1*)*
   $(B_j, C_j \in \mathbb{R})$

$$\begin{aligned} I_3 &:= \int \frac{B_j \cdot x + C_j}{x^2+b_jx+c_j}\,dx \\ &= \frac{B_j}{2}\ln\left(x^2+b_jx+c_j\right) \\ &\quad + \frac{2C_j - B_j \cdot b_j}{\sqrt{4c_j-(b_j)^2}} \cdot \arctan\left(\frac{2x+b_j}{\sqrt{2c_j-(b_j)^2}}\right) + C \end{aligned} \tag{2.25}$$

4. *($x^2 + b_j x + c_j$: Unzerlegbarer quadratischer Faktor von q_m der Vielfachheit $s_j > 1$)*
($B_j, C_j \in \mathbb{R}$) Das Standardintegral wird schrittweise über die folgende Rekursionsformel gelöst:

$$\begin{aligned}
I_4 :=& \int \frac{B_j \cdot x + C_j}{(x^2 + b_j x + c_j)^{s_j}}\, dx \qquad (2.26)\\
=& -\frac{B_j}{2(s_j - 1)} \cdot \frac{1}{(x^2 + b_j x + c_j)^{s_j - 1}}\\
&+ \left(C_j - \frac{B_j \cdot b_j}{2}\right)\\
&\cdot \left(\frac{2x + b_j}{(s_j - 1)(4c_j - (b_j)^2)(x^2 + b_j x + c_j)^{s_j - 1}}\right.\\
&\left. + \frac{4s_j - 6}{(s_j - 1)(4c_j - (b_j)^2)} \int \frac{1}{(x^2 + b_j x + c_j)^{s_j - 1}}\, dx\right) + C
\end{aligned}$$

Beispiele 2.4.3.
Hier verwenden wir $\mathcal{C} \in \mathbb{R}$ als allgemeine Integrationskonstante.

1. *Integration einer echt gebrochenrationalen Funktion:*

$$\int f(x)\, dx = \int \frac{1}{1 - x^2}\, dx$$

<u>*PBZ:*</u>

$$\begin{aligned}
\Rightarrow \quad f(x) &= \frac{1}{2} \cdot \frac{1}{1 + x} + \frac{1}{2} \cdot \frac{1}{1 - x}\\
\Rightarrow \quad \int f(x)\, dx &= \frac{1}{2} \int \left(\frac{1}{1 + x} + \frac{1}{1 - x}\right) dx\\
&= \frac{1}{2}(\ln|1 + x| - \ln|1 - x| + \mathcal{C})\\
&= \ln \sqrt{\left|\frac{1 + x}{1 - x}\right|} + \mathcal{C}
\end{aligned}$$

Man beachte hier wie auch später: Ist das Argument des Logarithmus immer positiv, kann man die Beträge weglassen, sonst muss man Beträge um das variable Argument setzen, um Konflikte mit dem Definitionsbereich des Logarithmus auszuschließen, solange man keine Hinweise auf die Positivität des Arguments besitzt.

2. *Integration einer unecht gebrochenrationalen Funktion:*

$$I=\int \frac{2x^2+10x+27}{x^2+7x+10}\,dx$$

Polynomdivision mit Rest und PBZ:

$$\begin{aligned} I &= \int \frac{2x^2+10x+27}{x^2+7x+10}\,dx = \int \left(2+\frac{-4x+7}{x^2+7x+10}\right) dx \\ &= \int \left(2+\frac{5}{x+2}-\frac{9}{x+5}\right) dx \\ &= 2x+5\ln|x+2|-9\ln|x+5|+C \end{aligned}$$

3. *Manchmal treten im Integranden Nullstellen des Nennerpolynoms mit Vielfachheit auf, z. B.:*

$$I=\int \frac{3x^4-9x^3+4x^2-34x+1}{(x-2)^3(x+3)^2}\,dx$$

Somit

$$\begin{aligned} I &= \int \left(\frac{-3}{(x-2)^3}+\frac{1}{(x-2)}+\frac{-5}{(x+3)^2}+\frac{2}{(x+3)}\right) dx \\ &= \frac{3}{2}\frac{1}{(x-2)^2}+\ln|x-2|+5\frac{1}{x+3}+2\ln|x+3|+C \end{aligned}$$

4. *Integration mittels PBZ bei einem Nennerpolynom, welches nicht in Linearfaktoren von Nullstellen zerlegbar ist:*

$$f(x)=\frac{6x^3+13x^2+101x-7}{\underbrace{(x^2+1)}_{>0}\underbrace{(x^2+4x+20)}_{>0}}$$

$$\int \frac{6x^3+13x^2+101x-7}{(x^2+1)(x^2+4x+20)}\,dx = \underbrace{\int \frac{5x}{x^2+1}\,dx}_{I_1}+\underbrace{\int \frac{x-7}{x^2+4x+20}\,dx}_{I_2}$$

Die beiden Integrale I_1 und I_2 können separat gelöst werden.

$$I_1 = 5 \cdot \frac{1}{2} \int \frac{2x}{x^2+1}\, dx = \frac{5}{2} \ln(x^2+1) + \mathcal{C}$$

$$I_2 = \frac{1}{2} \ln |x^2 + 4x + 20| - \frac{9}{4} \arctan\left(\frac{x+2}{4}\right) + \mathcal{C}$$

$$\begin{aligned} \int f(x)\, dx &= \int \frac{6x^3 + 13x^2 + 101x - 7}{(x^2+1)(x^2+4x+20)}\, dx \\ &= \frac{5}{2} \ln(x^2+1) + \frac{1}{2} \ln |x^2+4x+20| \\ &\quad -\frac{9}{4} \arctan\left(\frac{x+2}{4}\right) + \mathcal{C} \end{aligned}$$

2.4.1 Kurzaufgaben zum Verständnis

1. Sind $f, g : [a, b] \longrightarrow \mathbb{R}$ stetig differenzierbar, so gilt

$$\int f'(x)g'(x)\,dx = f(x)g(x) + C\,,\ (C \in \mathbb{R})$$

□ wahr □ falsch

2. Sind $f, g : [a, b] \longrightarrow \mathbb{R}$ integrierbar mit $g(x) > 0$, so gilt, wobei F Stammfunktion zu f bzw. G Stammfunktion zu g ist:

$$\int \frac{f(x)}{g(x)}\,dx = \frac{F(x)}{G(x)} + C\,,\ (C \in \mathbb{R})$$

□ wahr □ falsch

3. Ist $f : \mathbb{R} \longrightarrow \mathbb{R}$ stetig und $f(x) > 0$, so gilt

$$\int \frac{1}{f(x)}\,dx = \ln(f(x)) + C\,,\ (C \in \mathbb{R})$$

□ wahr □ falsch

4. Sind $f, g : [a, b] \longrightarrow \mathbb{R}$ stetig und g stetig differenzierbar, so gilt, wobei F eine Stammfunktion von f ist:

$$\int f(g(x))\,dx = \frac{F(g(x))}{g'(x)} + C\,,\ (C \in \mathbb{R})$$

□ wahr □ falsch

5. Ist $f : [a, b] \longrightarrow \mathbb{R}$ stetig differenzierbar auf $[a, b]$, so gilt

$$\int f(x)f'(x)\,dx = \frac{1}{2}f(x)^2 + C\,,\ (C \in \mathbb{R})$$

□ wahr □ falsch

6. Sind $p, q : [a, b] \longrightarrow \mathbb{R}$ Polynome und hat q keine Nullstelle, so gilt

$$\int \frac{p(x)}{q(x)}\,dx = \frac{P(x)}{Q(x)} + C\,,\ (C \in \mathbb{R})\,,$$

wobei P, Q Stammfunktionen (Polynome) sind.

□ wahr □ falsch

2.4.2 Übungen

Lösungsvideos zu den Übungen können auf www.lsgn24h.de über die Eingabe des Lösungscodes abgerufen werden.

Kl A:

1. Berechnen Sie die unbestimmten Integrale

   (a)
   $$\int \frac{1}{x - x^3}\,dx$$
   (Lösungscode: SB05IM0A001)

   (b)
   $$\int \cosh^2(x)\,dx$$
   (Lösungscode: SB05IM0A002)

   (c)
   $$\int 1 \cdot \arctan(x)\,dx$$
   (Lösungscode: SB05IM0A003)

2. Berechnen Sie die Integrale mittels „Integration by Sight“

   (a)
   $$\int \frac{x}{7x^2 - 34}\,dx$$
   (Lösungscode: SB05IM0A004)

   (b)
   $$\int \frac{5x^2}{x^3 - 12}\,dx$$
   (Lösungscode: SB05IM0A005)

   (c)
   $$\int \frac{-x - 3\cos(x)}{\sqrt{x^2 + 6 \cdot \sin(x)}}\,dx$$
   (Lösungscode: SB05IM0A006)

3. Berechnen Sie das folgende Integral auf mindestens drei Arten

$$\int \frac{1}{\sqrt{1-x^2} \cdot \arcsin(x)}\, dx$$

(Lösungscode: SB05IM0A007)

4. Beweisen Sie die Gleichungen (2.23) und (2.24)

(Lösungscode: SB05IM0A008)

Kl B:

1. Führen Sie die folgenden Integrationen aus

(a)

$$\int_1^2 x^{-1} \cdot \ln(x)\, dx$$

(Lösungscode: SB05IM0B001)

(b)

$$\int_{-1}^1 x \cdot \ln(x+2)\, dx$$

(Lösungscode: SB05IM0B002)

(c)

$$\int_2^3 \frac{1}{x \cdot \ln(x)}\, dx$$

(Lösungscode: SB05IM0B003)

(d)

$$\int_0^2 x \cdot 2^x\, dx$$

(Lösungscode: SB05IM0B004)

2. Die durch die Gleichung

$$y = \frac{1}{x^3 + 5x^2 + 8x + 4}$$

festgelegte Kurve begrenzt gemeinsam mit $x = 0$, $x = 1$ und der x-Achse eine Fäche, deren Inhalt bestimmt werden soll.

(Lösungscode: SB05IM0B005)

3. Bestimmen Sie die Integrale

   (a)

$$\int_2^3 \frac{x}{a^2 + x^2}\, dx$$

(Lösungscode: SB05IM0B006)

   (b)

$$\int_1^4 \frac{e^{\sqrt{x}}}{\sqrt{x}(1 + e^{\sqrt{x}})}\, dx$$

(Lösungscode: SB05IM0B007)

   (c)

$$\int_{-1}^1 \frac{1}{x^3 + 3}\, dx.$$

(Lösungscode: SB05IM0B008)

4. Man berechne

   (a)

$$\int_0^3 \frac{2x + 1}{x^2 - 10x + 25}\, dx$$

(Lösungscode: SB05IM0B009)

   (b)

$$\int_2^4 \frac{x + 3}{2x - x^2 - 1}\, dx$$

(Lösungscode: SB05IM0B010)

Kl C:

1. Für $f : [0, 1] \longrightarrow \mathbb{R}$ stetig zeigen Sie:

$$\int_0^\pi u \cdot f(\sin(u))du = \frac{\pi}{2} \int_0^\pi f(\sin(u))du \qquad (2.27)$$

   und berechnen Sie mit (2.27) das folgende Integral

$$\int_0^\pi \frac{x \cdot \sin(x)}{1 + \cos^2(x)}\, dx$$

(Lösungscode: SB05IM0C001)

2. Man berechne die unbestimmten Integrale

   (a)
   $$\int \frac{10x^3 - 22x^2 + 14x - 14}{x^4 - 4x^3 + 4x^2 - 4x + 3}\,dx$$
   (Lösungscode: SB05IM0C002)

   (b)
   $$\int \frac{3x^3 - 6x^2 - 20x - 1}{x^2 - 2x - 8}\,dx$$
   (Lösungscode: SB05IM0C003)

   (c)
   $$\int \frac{6x^3 + x^2 - 5x + 10}{x^2 + 3x + 2}\,dx$$
   (Lösungscode: SB05IM0C004)

3. Es sei $f : [0, \infty[\longrightarrow \mathbb{R}$ zweimal stetig differenzierbar, so dass es $C_0, C_2 \in \mathbb{R}$ gibt mit
   $$\forall\, x \in [0, \infty[:\ |f(x)| \leq C_0 \text{ und } |f''(x)| \leq C_2$$
   Mit Hilfe der Taylorentwicklung (siehe [SM04]) zeigen Sie für alle $x \geq 0$:
   $$|f'(x)| \leq 4C_0C_2 \text{ (Landau-Ungleichung)}$$
   (Lösungscode: SB05IM0C005)

4. Beweisen Sie Gleichung (2.19).

   (Lösungscode: SB05IM0C006)

5. Berechnen Sie das folgende Integral
   $$\int x^n \cdot \ln(x)\,dx \qquad (n \in \mathbb{N})$$
   (Lösungscode: SB05IM0C007)

6. Beweisen Sie die Gleichung (2.25)

   (Lösungscode: SB05IM0C008)

7. Berechnen Sie das Integral.

$$\int \frac{1}{\cos(x)}\, dx$$

(Hinweis: Verwenden Sie das Additionstheorem des Kosinus für den halben Winkel: $\cos(x) = \cos\left(2 \cdot \frac{x}{2}\right)$)

(Lösungscode: SB05IM0C009)

Kl D:

1. Mit geeigneter Substitution zeigen Sie für alle $n \in \mathbb{N}$:

$$\int_0^{\frac{\pi}{2}} \frac{\sin((2n-1)x)}{\sin(x)}\, dx = \frac{\pi}{2} = \frac{1}{n}\int_0^{\frac{\pi}{2}} \left(\frac{\sin(nx)}{\sin(x)}\right)^2 dx$$

(Lösungscode: SB05IM0D001)

2. Mit Hilfe der Substitution $u = \tan(x)$ berechnen Sie:

$$\int_0^1 \frac{\ln(1+u)}{1+u^2} du$$

(Hinweis: Weisen Sie nach, dass $1 + \tan(x) = \frac{\sqrt{2}\sin(x+\frac{\pi}{4})}{\cos(x)}$)

(Lösungscode: SB05IM0D002)

3. Es sei $f : [0,1] \longrightarrow \mathbb{R}$ integrierbar und es gelte

$$\lim_{x \uparrow 1} f(x) = A$$

für geeignetes $A \in \mathbb{R}$. Zeigen Sie:

$$\lim_{n\to\infty} n \int_0^1 u^{n-1} f(u) du = A$$

(Hinweis: Wählen Sie erst f konstant und nehmen Sie dann $A = 0$ an.)

(Lösungscode: SB05IM0D003)

4. Zeigen Sie für eine stetig differenzierbare Funktion $f : [a, b] \longrightarrow \mathbb{R}$:

$$\lim_{n\to\infty} \int_a^b f(x) \sin(nx)\, dx = 0 \text{ (Riemann Lemma)}$$

(Lösungscode: SB05IM0D004)

5. Beweisen Sie die Gleichung (2.26)

(Lösungscode: SB05IM0D005)

6. (Wallis'sche Produkt)
Berechnen Sie mit partieller Integration eine rekursive Formel für die unbestimmten Integrale $I_m = \int \sin^m(x)\, dx$ für $m \in \mathbb{N}_0$. Berechnen Sie damit $J_m = \int_0^\pi s \sin^m(x)\, dx$, $(m \in \mathbb{N}_0)$ und beweisen Sie sodann hiermit für $n \in \mathbb{N}_0$:

$$J_{2n+2} \leq J_{2n+1} \leq J_{2n} \text{ und } \lim_{n\to\infty} \frac{J_{2n+1}}{J_{2n}} = 1 \qquad (2.28)$$

Schließlich beweisen Sie nun das Wallisprodukt:

$$\frac{\pi}{2} = \lim_{n\to\infty} \prod_{k=1}^{n} \frac{4k^2}{4k^2 - 1} = \frac{2 \cdot 2}{1 \cdot 3} \frac{4 \cdot 4}{3 \cdot 5} \frac{6 \cdot 6}{5 \cdot 7} \ldots = \lim_{n\to\infty} \frac{4^n}{2n + 1} \frac{(n!)^4}{((2n)!)^2}$$

(Lösungscode: SB05IM0D006)

7. Lösen Sie schrittweise die folgenden Integrale

(a)

$$\int \frac{\sin(x) + \cos(x)}{\cos(x) + 1}\, dx$$

(Lösungscode: SB05IM0D007)

(b)

$$\int \frac{1}{\tan(x) + 1}\, dx$$

(Lösungscode: SB05IM0D008)

2.5 Uneigentliche Integrale

Bis jetzt haben wir das Integral einerseits für beschränkte Funktionen und andererseits auf beschränkten und abgeschlossenen (also kompakten) Intervallen definiert. In diesem Abschnitt wollen wir diese Restriktionen aufheben. Dazu müssen wir ein Konzept entwickeln, um den Integralbegriff zu erweitern.
In der Maßtheorie wird dies durch das Konzept eines geeigneten Maßes auf $\mathbb{R}$ gelöst. Dieser Zugang verlangt einige Vorbereitungen, die den Rahmen dieses Buchs sprengen würden. Der über die Maßtheorie entwickelte Integralbegriff wäre dann das *Riemann-Stieltjes-Integral*, das Standardkonzept für Integrale auf nicht beschränkten Intervallen und nicht beschränkten Funktionen.
Unser Zugang wird angewandter orientiert sein:

> Zuerst überführen wir ein Integral über unbeschränkte Intervalle oder unbeschränkte Funktionen in ein Integral über beschränkte Funktionen sowie abgeschlossene und beschränkte Intervalle, analog zu den vorhergehenden Kapiteln. Anschließend wird dieses Integral mittels des Grenzwertbegriffs erweitert.

Vorab ein paar Anwendungsfälle als Beispiele aus der Physik zum neuen erweiterten Integralbegriff.

Beispiel 2.5.1.
Als erste Anwendung des Integrals auf nicht notwendig beschränkte Intervalle, betrachten wir das sogenannte ***Arbeitsintegral****.*

1. *Vorab aber ein paar grundlegende Worte zum Arbeitsintegral. Arbeit ist als physikalische Größe zur Beschreibung des Übergangs zwischen Zuständen definierter Energie auch gegeben durch das Produkt aus Kraft (F) und zurückgelegtem Weg ($\Delta s = s_1 - s_0$).*

$$\textit{Arbeit:} \quad W \equiv \textit{Kraft} \cdot \textit{Weg} \Rightarrow W = F \cdot (s_1 - s_0)$$

$$\Rightarrow W = F \cdot s \quad \textit{mit } s_1 = s, s_0 = 0$$

Für den Fall, dass die wirkende Kraft an jedem Punkt des Weges konstant ist und in Richtung des zurückgelegten Weges zeigt, ist die gegebene Formulierung ausreichend zur Berechnung der geleisteten Arbeit.

Wie berechnet man nun die geleistete Arbeit, wenn F gegenüber dem Weg s variabel ist?
Die Antwort ist das Arbeitsintegral:

$$\Rightarrow \qquad W = \int_{s_0}^{s_1} F(s)\,ds$$

Zum Beispiel: (noch ohne Erweiterung des Integralbegriffs)

Sei F wie folgt gegeben

$$F(s) = F(0) \cdot (1 - \cos(q \cdot s)), \ \textit{mit} \ F(0) =: F_0$$

Dann ergibt sich unter den Voraussetzungen $F_0 = 5N$, $s_0 = 0m$, $s_1 = 5m$, $q = 0{,}2 \cdot \pi \cdot \frac{1}{m}$:

$$\begin{aligned} W &= \int_0^5 F_0(1 - \cos(q \cdot s))\,ds \\ &= 5N \cdot \left[s - \frac{1}{q} \cdot \sin(q \cdot s) \right]_{0m}^{5m} \\ &= 25Nm \end{aligned}$$

2. *Das Arbeitsintegral kann ebenso angewandt werden, um die folgende Frage zu beantworten:*

   Welche Arbeit ist notwendig, um einen Körper aus der Erdanziehung zu befördern?
   (Es sollen dabei keine zusätzlichen Kräfte, wie z. B. Luftreibung etc., betrachtet werden.)

   Seien nun die Erde und einen weiterer Körper definierter Masse gegeben. Dann lässt sich das zu untersuchende Schwerefeld der Erde als erzeugendes Kraftfeld ansehen, welches unendlich ausgedehnt ist.
   Wenn die zweite Masse, ausgehend von einem festen Abstand r_0 *zur Erde, ins Unendliche verschoben wird und damit alle Wechselwirkungen zwischen den beiden Massen verschwinden, kann man sagen, dass der Körper das Schwerefeld der Erde verlassen hat.*
   Die für das Entfernen ins Unendliche notwendige Energie ist durch die zugehörige Hubarbeit gegeben:

$$W = \lim_{t \to \infty} \int_{r_0}^{t} F(s)\,ds =: \int_{r_0}^{\infty} F(s)\,ds$$

Das Integral „$\int_0^\infty F(s)\,ds$“ ist wegen der Integrationsgrenze im Unendlichen vom Typ her neu und es stellt sich die Frage, wie es berechnet werden kann.

Die Kraft-Abstands-Abhängigkeit im Schwerefeld ist durch das Newtonsche Gravitationsgesetz gegeben:

$$\vec{F}(s) = -\mathcal{G} \cdot \frac{m_E \cdot m_t}{s^2} \cdot \frac{\vec{s}}{s} \tag{2.29}$$

In (2.29) steht $\mathcal{G}$ für die Newtonsche Gravitationskonstante

$$\mathcal{G} \approx 6,67 \cdot 10^{-11} \cdot N\,m^2\,kg^2$$

m_E für die Masse der Erde, m_t für die sogenannte Testmasse des sich wegbewegenden Körpers und $\vec{s}$ für den Abstandsvektor zwischen Erde und Testmasse, ausgehend von der Erde als Ursprung des Bezugssystems.
Aufgrund der Parallelität von $\vec{s}$ und $\vec{F}$ entfällt die Richtungsabhängigkeit wegen $\vec{F}(s) = F(s)\frac{\vec{s}}{s}$.
Um jetzt das wesentliche Konzept für das Integral über unbeschränkte Intervalle einzuführen, werden ab jetzt die konstanten Faktoren weggelassen, womit sich die zu berechnende Integration wie folgt reduziert

$$I = \int_{r_0}^{\infty} \frac{1}{s^2}\,ds$$

Um dieses Integral auszuführen, legen wir die Obergrenze des Integrals als $t < \infty$ fest und betrachten anschließend den Grenzübergang $t \to \infty$

$$\begin{aligned} I &= \int_{r_0}^{\infty} \frac{1}{s^2}\,ds = \lim_{t\to\infty} \int_{r_0}^{t} \frac{1}{s^2}\,ds \\ &= \lim_{t\to\infty} \left[-\frac{1}{t} + \frac{1}{r_0}\right] = \frac{1}{r_0} \end{aligned}$$

Das Arbeitsintegral ließ sich auf diese Weise lösen und wenn man alle Konstanten wieder mit hinzu nimmt, ergibt sich die Arbeit, die zum Verlassen des Schwerefeldes der Erde notwendig ist zu

$$W = \mathcal{G} \cdot \frac{m_E \cdot m_t}{r_0}$$

Im nächsten Schritt gilt es nun, die zwei möglichen Grenzwertfälle im Einzelnen zu untersuchen.

Definition 2.5.1. *(uneigentliches Integral, unbeschränktes Intervall)*
Seien $a \in \mathbb{R}$ und $f : [a, \infty[\to \mathbb{R}$ eine Funktion, die auf jedem Intervall $[a,b]$ beschränkt und integrierbar ist. Dann nennt man

$$\int_a^\infty f(x)\,dx = \lim_{t\to\infty} \int_a^t f(x)\,dx \tag{2.30}$$

das uneigentliche Integral *von f über $[a, \infty[$.*
Falls der Grenzwert in (2.30) existiert, nennt man f **uneigentlich über** $[a, \infty[$ **integrierbar**.
Ist der Grenzwert in (2.30) $+\infty$ oder $-\infty$, so bezeichnet man das Integral als **(bestimmt) divergent**.
Analog definiert man das uneigentliche Integral mit Untergrenze $-\infty$:

$$\lim_{t\to-\infty} \int_t^b f(x)\,dx = \int_{-\infty}^b f(x)\,dx$$

Bemerkung 2.5.1. *(Notationen)*
Besitzt die zu integrierende Funktion f eine Stammfunktion F auf dem Integrationsintervall, verwendet man oft die folgenden abkürzenden Schreibweisen

- $$\int_a^\infty f(x)\,dx = \lim_{t\to\infty} \int_a^t f(x)\,dx =: [F(x)]_a^\infty$$
- $$\int_{-\infty}^b f(x)\,dx = \lim_{t\to-\infty} \int_t^b f(x)\,dx =: [F(x)]_{-\infty}^b$$

Anhand des folgenden Beispiels zeigt sich, dass je nach Parameterwahl (hier $\alpha \in \mathbb{R}$) uneigentliche Integrale über eine Funktion $f_\alpha(x)$ existieren oder divergieren können.

Beispiel 2.5.2. *(Integral über ein unbeschränktes Intervall)*
Für verschiedene Werte von $\alpha \in \mathbb{R}$ *soll das folgende Integral über* $f_\alpha(x) = x^{-\alpha}$ *berechnet werden*

$$\int_1^\infty x^{-\alpha}\, dx$$

Man kann drei Fälle unterscheiden:

1. Fall: $\alpha > 1$*:*

$$\int_1^\infty x^{-\alpha}\, dx = \lim_{t\to\infty} \left(\frac{1}{-\alpha+1} \cdot \left[x^{-\alpha+1}\right]_1^t \right) = \frac{1}{1-\alpha} \cdot (0-1) = \frac{1}{\alpha-1}$$

2. Fall: $\alpha = 1$*:*

$$\int_1^\infty x^{-1}\, dx = \lim_{t\to\infty} [\ln(x)]_1^t = \lim_{t\to\infty} \ln(t) = \infty$$

3. Fall: $\alpha < 1$*:*

$$\Rightarrow x^\alpha \leq x, \text{ für } x \geq 1 \quad \Rightarrow \frac{1}{x^\alpha} \geq \frac{1}{x}$$

$$\begin{aligned} \Rightarrow \lim_{t\to\infty} \int_1^t \frac{1}{x^\alpha}\, dx &\geq \lim_{t\to\infty} \int_1^t \frac{1}{x}\, dx = \infty \\ \Rightarrow \int_1^\infty \frac{1}{x^\alpha}\, dx &= \infty \end{aligned}$$

Der dritte Fall in Beispiel 2.5.2 zeigt bereits, dass es offensichtlich möglich ist, ein Integral in seinem Wert ins Unendliche zu „schieben“, wenn nur ein divergentes Integral bekannt ist, dessen Integrand für alle x im Wert kleiner ist als der Integrand des betrachteten Integrals.
Solch ein Verhalten war bereits bei Reihen im Minorantenkriterium aufgetaucht (siehe [SM01]) und soll im weiteren Verlauf auch für Integrale allgemein formuliert werden.

Bevor wir uns aber den sog. Integralkriterien widmen, betrachten wir zuerst noch die Variante von uneigentlichen Integralen, welche über beschränkte Intervalle aber dort unbeschränkte Funktionen gebildet werden.

Definition 2.5.2. *(Uneigentlich integrierbar, unbeschränkte Funktion)*
Sei $f\ :]a,b] \to \mathbb{R}$ *beschränkt und integrierbar auf jedem Teilintervall* $[t,b] \subset]a,b]$ *und* f *auf* $]a,b]$ *unbeschränkt. Dann nennt man*

$$\int_a^b f(x)\,dx = \lim_{t\to a^+} \int_t^b f(x)\,dx \tag{2.31}$$

das uneigentliche Integral *von* f *über* $[a,b]$.
Falls der Grenzwert in (2.31) existiert, nennt man zu dem f *über* $[a,b]$ **uneigentlich integrierbar**.
Ist der Grenzwert in (2.31) $\pm\infty$, *so nennt man das Integral* **(bestimmt) divergent**.
Analog definiert man das Integral mit unbeschränkter Funktion an der Obergrenze des Integrationsintervalls $f : [a,b[\to \mathbb{R}$ *das Integral*

$$\int_a^b f(x)\,dx = \lim_{t\to b^-} \int_a^t f(x)\,dx$$

Bemerkungen 2.5.2. *(Kombination und Notation)*

- *Man kann für den Fall, dass* $f\ :]a,\infty[\to \mathbb{R}$ *an der Untergrenze bei* a *unbeschränkt ist, beide uneigentlichen Integrale kombinieren, indem man ein* $b \in]a,\infty[$ *wählt:*

$$\begin{aligned}\int_a^\infty f(x)\,dx &= \int_a^b f(x)\,dx + \int_b^\infty f(x)\,dx \\ &\Rightarrow \lim_{t\to a^+} \int_t^b f(x)\,dx + \lim_{t\to\infty} \int_b^t f(x)\,dx\end{aligned} \tag{2.32}$$

  Existieren beide Grenzwerte in (2.32), so ist f *über* $]a,\infty[$ *uneigentlich integrierbar und man kann schreiben*

$$\int_a^\infty f(x)\,dx = \lim_{t\to a^+} \int_t^b f(x)\,dx + \lim_{t\to\infty} \int_b^t f(x)\,dx \tag{2.33}$$

- *Eine abkürzende Schreibweise ist hier die formale Notation*

$$\int_a^b f(x)\,dx = \lim_{t\to a^+} \int_t^b f(x)\,dx =: [F(x)]_a^b\,,$$

  falls f *eine Stammfunktion* F *besitzt.*

Bemerkung 2.5.3. *(***Achtung: Fehlerquelle***)*
In (2.32) kann prinzipiell auch $a = -\infty$ gelten. Wichtig ist jedoch, dass man nicht den Fehler macht und für die Berechnung des Integrals

$$\int_{-\infty}^{\infty} f(x)\,dx$$

einfach die Grenzwertbildung symmetrisch anlegt, sondern das Intervall $]-\infty,\infty[$ vorher bei einem beliebigen $\eta \in]-\infty,\infty[$ unterteilt und

$$\int_{-\infty}^{\infty} f(x)\,dx = \int_{-\infty}^{\eta} f(x)\,dx + \int_{\eta}^{\infty} f(x)\,dx$$

berechnet, wie das folgende Beispiel zeigt:

$$\int_{-\infty}^{\infty} x^5\,dx \Rightarrow \lim_{t\to\infty} \int_{-t}^{t} x^5\,dx = 0$$

aber

$$\int_{-\infty}^{\infty} x^5\,dx = \int_{-\infty}^{\eta} x^5\,dx + \int_{\eta}^{\infty} x^5\,dx$$

ist für alle $\eta \in]-\infty,\infty[$ **divergent***, da die einzelnen Integrale nicht existieren.*

Beispiel 2.5.3. *(Integral einer unbeschränkte Funktion)*
Erneut soll für verschiedene Werte von $\alpha \in \mathbb{R}$ ein Integral über $f_\alpha(x) = x^{-\alpha}$ berechnet werden und zwar

$$\int_0^1 x^{-\alpha}\,dx$$

1. *Fall:* $\alpha > 1$

$$\begin{aligned}\int_0^1 \frac{1}{x^\alpha}\,dx &= \lim_{t\to 0^+} \left[x^{-\alpha+1} \cdot \frac{1}{-\alpha+1}\right]_t^1 \\ &= \lim_{t\to 0^+} \left(\frac{1}{1-\alpha} \cdot \left(1 - \frac{1}{t^{\alpha-1}}\right)\right) = \infty\end{aligned}$$

2. *Fall:* $\alpha = 1$

$$\int_0^1 \frac{1}{x}\,dx = -\lim_{t\to 0^+} \ln(t) = \infty$$

3. *Fall:* $\alpha < 1$

$$\int_0^1 \frac{1}{x^\alpha}\,dx = \lim_{t\to 0^+} \left(\frac{1}{1-\alpha} \cdot \left(1 - t^{-\alpha+1}\right)\right) = \frac{1}{1-\alpha}$$

Wie kann man einer Funktion ansehen, ob sie uneigentlich integrierbar ist? Hier sind ein paar Kriterien:

Satz 2.5.1. *(Integralkriterien)*

1. *(Majorantenkriterium)*
   Es seien $f, g : [a, \infty[\to \mathbb{R}$ *über jedem beschränkten Teilintervall von* $[a, \infty[$ *integrierbar. Weiter seien* f, g *für* $x \in [a, \infty[$ *nicht negativ und* $0 \leq f(x) \leq g(x)$.
   Ist $g(x)$ *uneigentlich integrierbar über* $[a, \infty[$*, so auch* $f(x)$.
   Analog gilt dies auch für Funktionen $f, g :]a, b[\to \mathbb{R}$.

2. *(Reihenkriterium)*
   Sei $f : [p, \infty[\to \mathbb{R}$ *nicht negativ und monoton fallend* $(p \in \mathbb{N})$. *Dann gilt*

$$\sum_{n=p+1}^{\infty} f(n) \cdot 1 \leq \int_p^{\infty} f(x)\, dx \leq \sum_{n=p}^{\infty} f(n) \cdot \underbrace{(p+1-p)}_{=1}$$

   Die Funktion f *ist über* $[p, \infty[$ *genau dann uneigentlich integrierbar, wenn die Reihe* $\sum_{n=p}^{\infty} a_n$*, mit* $a_n = f(n)$*, konvergiert.*

Neben der Tatsache, dass einige uneigentliche Integrale berechenbar sind, kann man auch Funktionen finden, welche durch uneigentliche Integrale definiert sind, wie z. B. die folgende.

Definition 2.5.3. *(Gammafunktion)*
Man definiert die Gammafunktion $\Gamma(x)$ *gemäß*

$$\begin{aligned} \Gamma :]0, \infty[&\to \mathbb{R} \\ x &\mapsto \Gamma(x) = \int_0^{\infty} t^{x-1} \cdot e^{-t}\, dt, \text{ für } x > 0 \end{aligned}$$

Beispiel 2.5.4.
Setzen wir einige konkrete Werte in die Gammafunktion ein, so ergeben sich exemplarisch die folgenden uneigentlichen Integrale

$$\begin{aligned} \Gamma\left(\frac{1}{2}\right) &= \int_0^{\infty} \frac{1}{\sqrt{t}} \cdot e^{-t}\, dt \\ \Gamma(1) &= \int_0^{\infty} e^{-t}\, dt \end{aligned}$$

Eine Funktion wie die Gammafunktion zu definieren, ist dabei alleine nicht ausreichend. Es bleibt noch zu zeigen, dass für alle $x \in \mathbb{R}^+$ das uneigentliche Integral in der Gammafunktion auch wirklich existiert.

Beweis. (Existenz der Gammafunktion)
Für allgemeines x zerlegen wir das uneigentliche Integral

$$\Gamma(x) = \underbrace{\int_0^1 t^{x-1} \cdot e^{-t}\, dt}_{=I_1} + \underbrace{\int_1^\infty t^{x-1} \cdot e^{-t}\, dt}_{=I_2}$$

I_1 existiert, denn für $t \geq 0$ gilt: $e^{-t} \leq 1 \Rightarrow t^{x-1} \cdot e^{-t} \leq t^{x-1}$ und als Majorante für das uneigentliche Integral folgt

$$\int_0^1 t^{x-1}\, dt = \left[\frac{1}{x} \cdot t^x\right]_0^1 = \frac{1}{x}$$

und demnach die Existenz des uneigentlichen Integrals:

$$I_1 = \int_0^1 t^{x-1} \cdot e^{-t}\, dt$$

I_2 existiert, denn zum einen gilt für $0 < x \leq 1$ und $t \in [1, \infty[$, dass $\int_1^\infty t^{x-1} e^{-t}\, dt \leq \int_1^\infty e^{-t}\, dt = \frac{1}{e}$ und zum anderen gilt für $x > 1$, wegen $e^{-t} \leq t^{-s}$ für alle $s > 0$ und $t \in]1, \infty[$:

$$t^{x-1} \cdot e^{-t} \leq t^{x-1} \cdot t^{-x-1} = t^{-2}$$

Wodurch man als Majorante für I_2

$$\int_1^\infty \frac{1}{t^2}\, dt = 1$$

erhält und damit das Integral

$$I_2 = \int_1^\infty t^{x-1} \cdot e^{-t}\, dt$$

und insgesamt damit auch $\Gamma(x)$ für alle $x \in \mathbb{R}^+$ existieren. □

Bemerkungen 2.5.4. *(Eigenschaften von $\Gamma(x)$)*

1. $\Gamma(x+1) = x \cdot \Gamma(x)$, *denn*

$$\begin{aligned}\Gamma(x+1) &= \int_0^\infty \underbrace{t^x}_{f} \cdot \underbrace{e^{-t}}_{g'}\, dt \\ &= \left[-t^x \cdot e^{-t}\right]_0^\infty + \int_0^\infty x \cdot t^{x-1} \cdot e^{-t}\, dt \\ &= 0 - 0 + x \cdot \int_0^\infty t^{x-1} \cdot e^{-t}\, dt \\ &= x \cdot \Gamma(x)\end{aligned}$$

2. *Die Fakultät $n!$ ist ein Spezialfall der Gammafunktion:*

$$\begin{aligned}\Gamma(1) &= \int_0^\infty e^{-t}\, dt = \left[-e^{-t}\right]_0^\infty = 1 = 0! \\ \Gamma(2) &= \Gamma(1+1) = 1 \cdot \Gamma(1) = 1! \\ \Gamma(3) &= \Gamma(2+1) = 2 \cdot \Gamma(2) = 2 \cdot 1 = 2! \\ \Gamma(4) &= \Gamma(3+1) = 3 \cdot \Gamma(3) = 3 \cdot 2 \cdot 1 = 3! \\ &\vdots \\ \Gamma(n+1) &= n! \;\; (n \in \mathbb{N}_0)\end{aligned}$$

Wir wollen zum Schluss noch einen speziellen Wert von $\Gamma(x)$ bestimmen, der keine natürliche Zahl ist.
Es geht um den Wert bei $x = \frac{1}{2}$, der in Berechnungen, insbesondere in der Physik, immer wieder anzutreffen ist:

$$\Gamma\left(\frac{1}{2}\right) = \int_0^\infty t^{-\frac{1}{2}} \cdot e^{-t}\, dt$$

$$\left[\text{Subst. } u = t^{-\frac{1}{2}} \text{ also } t = u^{-2}; dt = -2u\, du\right]$$

$$\begin{aligned}\Rightarrow \Gamma\left(\frac{1}{2}\right) &= -\int_0^\infty 2(-u^2)e^{-u^2}\, du \\ &= \left[-ue^{-u^2}\right]_0^\infty + \int_0^\infty e^{-u^2} \\ &= \int_0^\infty e^{-u^2}\, du \qquad (2.34)\end{aligned}$$

Die Umrechnung (2.34) zeigt, dass man den "unbekannten" Wert $\Gamma\left(\frac{1}{2}\right)$ auf ein "bekanntes" Integral zurück führen kann. Denn $\int_0^\infty e^{-u^2}\,du$ ist bekanntlich Bestandteil der Gauß'schen Verteilungsfunktion (auch „Funktion der Gaußschen Glockenkurve" genannt). Dieses uneigentliche Integral über die Fehlerfunktion (siehe Beispiel 2.3.2) wollen wir weiter untersuchen.

Beispiel 2.5.5. *(Zwei uneigentliche Integrale über e^{x^2})*
Wir betrachten $f(x) = e^{-x^2}$ und stellen die folgende Frage:

Ist f uneigentlich integrierbar über $]-\infty,\infty[$?

Die Antwort soll schrittweise aufgebaut werden:

1. *Da f gerade ist, zerfällt das Integral $\int_{-\infty}^\infty f(x)\,dx$, denn existiert $\int_0^\infty e^{-x^2}\,dx$, so auch $\int_{-\infty}^0 e^{-x^2}\,dx$.*

2. *Es ist nun ausreichend, das Integral $\int_0^\infty e^{-x^2}\,dx$ zu betrachten. Hierfür zerlegen wir dieses Integral in zwei Integrationsbereiche:*

$$\int_0^\infty e^{-x^2}\,dx = \int_0^1 e^{-x^2}\,dx + \int_1^\infty e^{-x^2}\,dx$$

3. *Nur die Existenz des Integrals über den Bereich mit $x \geq 1$ ist zu klären. In diesem gilt $x \leq x^2 \Rightarrow -x \geq -x^2 \Rightarrow e^{-x^2} \leq e^{-x}$*
Weil

$$\int_1^\infty e^{-x}\,dx = \lim_{\varepsilon\to\infty}\left[-e^{-x}\right]_1^\varepsilon = \frac{1}{e}$$

existiert nach dem Majorantenkriterium auch $\int_1^\infty e^{-x^2}\,dx$.

Damit existiert insgesamt das Integral $\int_0^\infty e^{-x^2}\,dx$.

4. *Im letzten Schritt soll der Wert des Integrals*

$$\int_0^\infty e^{-x^2}\,dx \tag{2.35}$$

und damit der gesuchte Wert von $\Gamma\left(\frac{1}{2}\right)$ „berechnet" werden.[4]
Wir substituieren in (2.35) wie folgt:

$$t = x^2 \Rightarrow x = \sqrt{t} \Rightarrow dx = \frac{1}{2\sqrt{t}}\,dt$$

[4] „berechnet" steht hier in Anführungszeichen, da wir einen Teil der Berechnung in die Übungen verlagern.

und (2.35) schreibt sich um, zu

$$\begin{aligned}\Rightarrow \int_0^\infty \frac{1}{2\sqrt{t}} \cdot e^{-t}\,dt &= \frac{1}{2} \cdot \int_0^\infty t^{-\frac{1}{2}} \cdot e^{-t}\,dt \\ &= \frac{1}{2} \cdot \int_0^\infty t^{\frac{1}{2}-1} \cdot e^{-t}\,dt \\ &= \Gamma\left(\frac{1}{2}\right) \\ &= \frac{1}{2}\sqrt{\pi}\end{aligned}$$

Der Nachweis von

$$\int_0^\infty e^{-x^2}\,dx = \frac{\sqrt{\pi}}{2} \tag{2.36}$$

ist dann Teil der Übungen 2.5.2.

5. *Aufgrund der Symmetrie folgt damit der gesuchte Wert:*

$$\int_{-\infty}^\infty e^{-x^2}\,dx = \sqrt{\pi}$$

Bemerkungen 2.5.5.

- *Die beiden Integrale*

$$\int_0^\infty e^{-x^2}\,dx = \frac{\sqrt{\pi}}{2} = \Gamma\left(\frac{1}{2}\right) \quad \text{und} \quad \int_{-\infty}^\infty e^{-x^2}\,dx = \sqrt{\pi}$$

gehören zusammen mit ihren Werten zum ingenieurwissenschaftlichen Basiswissen.

- *Oft lassen sich die Lösungen von Integralen durch Gammafunktionen darstellen, wie z. B. bei der sogenannten Betafunktion mit der sich die Wahrscheinlichkeit von Anordnungen von Objekten auf dem Intervall $[0,1]$ berechnen lässt:*

$$B(x,y) = \int_0^1 t^{x-1}(1-t)^{y-1}\,dt = \frac{\Gamma(x)\Gamma(y)}{\Gamma(x+y)} \quad (x, y \in \mathbb{N})$$

Auch wenn wir in diesem Buch nicht weiter auf die Betafunktion eingehen werden, so ist sie doch ein Beispiel, wie unbekannte Integrale durchaus auf bekannte zurückgeführt werden können.

2.5.1 Kurzaufgaben zum Verständnis

1. Ist $f : [0, \infty[\longrightarrow \mathbb{R}_0^+$ monoton fallend und uneigentlich integrierbar, so ist auch f^2 uneigentlich integrierbar.

   □ wahr □ falsch

2. Ist $f : [0, \infty[\longrightarrow \mathbb{R}$, so ist f uneigentlich integrierbar genau dann, wenn für jede Stammfunktion F von f gilt, dass

   $$\lim_{t \to \infty} F(t)$$

   existiert.

   □ wahr □ falsch

3. Ist $f : \mathbb{R} \longrightarrow \mathbb{R}$ uneigentlich integrierbar, so auch $|f|$.

   □ wahr □ falsch

4. Ist $f : [0, \infty[\longrightarrow \mathbb{R}_0^+$ uneigentlich integrierbar, dann gilt

   $$\lim_{x \to \infty} f(x) = 0$$

   □ wahr □ falsch

5. Ist $f :]-1, 1[\longrightarrow \mathbb{R}$ punktsymmetrisch und stetig, dann ist f immer uneigentlich integrierbar mit

   $$\int_{-1}^{1} f(x)\, dx = 0$$

   □ wahr □ falsch

6. Ist $f : \mathbb{R} \longrightarrow \mathbb{R}$ punktsymmetrisch und auf allen Teilintervallen $[a, b] \subset \mathbb{R}$ integrierbar. Dann gilt, f ist uneigentlich integrierbar mit

   $$\int_{-\infty}^{\infty} f(x)\, dx = 0$$

   □ wahr □ falsch

2.5.2 Übungen

Lösungsvideos zu den Übungen können auf www.lsgn24h.de über die Eingabe des Lösungscode abgerufen werden.

Kl A:

1. Man bestimme den Wert der folgenden uneigentlichen Integrale.

   (a)

   $$\int_1^\infty \frac{1}{\sqrt{x}}\,dx$$

   (Lösungscode: SB05UI0A001)

   (b)

   $$\int_1^\infty \frac{1}{x^3}\,dx$$

   (Lösungscode: SB05UI0A002)

2. Zeigen Sie, dass

   $$\int_{-\infty}^\infty \frac{x}{1+x^2}\,dx$$

   divergiert.

   (Lösungscode: SB05UI0A003)

3. Zeigen Sie, dass der Grenzwert

   $$\lim_{b\to\infty}\int_{-b}^b \frac{x}{1+x^2}\,dx$$

   existiert.

   (Lösungscode: SB05UI0A004)

4. Bestimmen Sie den Wert des folgenden Integrals

   $$\int_{-1}^{27} \frac{1}{\sqrt[3]{x^2}}\,dx$$

   (Lösungscode: SB05UI0A005)

5. Berechnen Sie das folgende uneigentliche Integral

$$\int_0^1 \frac{1}{\sqrt{1-x^2}}\,dx$$

(Lösungscode: SB05UI0A006)

Kl B:

1. Man bestimme den Wert des folgenden uneigentlichen Integrals in Abhängigkeit von $a \in \mathbb{R}$, falls es konvergent ist und gebe diejenigen $a \in \mathbb{R}$ an, für welche das integral divergiert.

$$\int_0^a \frac{x}{\sqrt{a^2-x^2}}\,dx\ ,\ (a \in \mathbb{R})$$

(Lösungscode: SB05UI0B001)

2. Bestimmen Sie die uneigentlichen Integrale für $\lambda > 0$

a)

$$\int_0^\infty x\lambda e^{-\lambda x}\,dx$$

(Lösungscode: SB05UI0B002)

b)

$$\int_0^\infty \left(x-\frac{1}{\lambda}\right)^2 \lambda e^{-\lambda x}\,dx$$

(Lösungscode: SB05UI0B003)

c)

$$\int_0^\infty \left(x-\frac{1}{\lambda}\right)^3 \lambda e^{-\lambda x}\,dx$$

(Lösungscode: SB05UI0B004)

3. Rotiert man den Graphen der Funktion

$$f : [1,\infty[\to \mathbb{R}; x \mapsto x^{-1}$$

um die x-Achse, entsteht eine Form, die als **Toricellis Trompete** bezeichnet wird. Zeigen Sie, dass man zwar diese Trompete mit Farbe füllen könnte, diese Farbmenge aber nicht ausreichen würde, um damit die Oberfläche der Trompete vollständig zu bemalen.

(Lösungscode: SB05UI0B005)

4. Gegeben sei die Funktion $f :]0, \infty[\longrightarrow \mathbb{R}$, $f(x) = \frac{\ln(x)}{x^3}$.

   (a) Bestimmen Sie die Extremwerte (Maxima und Minima) der Funktion, falls sie existieren.

   (Lösungscode: SB05UI0B006)

   (b) Untersuchen Sie die Konvergenz der Integrale

   $$\int_0^1 f(x)\,dx \text{ und } \int_1^\infty xf(x)\,dx.$$

   (Lösungscode: SB05UI0B007)

5. Man definiert $f : \mathbb{R} \longrightarrow \mathbb{R}$ gemäß

   $$f(x) = \begin{cases} \frac{1}{b-a} & \text{falls } x \in [a, b] \\ 0 & \text{sonst.} \end{cases}$$

   Bestimmen Sie das folgende Integral

   $$\int_{-\infty}^{\infty} f(x)\,dx$$

   (Lösungscode: SB05UI0B008)

6. Man definiere die Dichtefunktion der Normalverteilung für $\sigma > 0$ und $\mu \in \mathbb{R}$

   $$f(x) = \frac{1}{\sigma\sqrt{2\pi}} \exp\left(-\frac{(x-\mu)^2}{2\sigma^2}\right)$$

   im Intervall $]-\infty, \infty[$. Zeigen Sie

   (a)

   $$\int_{-\infty}^{\infty} f(x)\,dx = 1$$

   (Lösungscode: SB05UI0B009)

   (b)

   $$\int_{-\infty}^{\infty} xf(x)\,dx = \mu$$

   (Lösungscode: SB05UI0B010)

(c)

$$\int_{-\infty}^{\infty} x^2 f(x)\, dx = \sigma^2 + \mu^2$$

(Lösungscode: SB05UI0B011)

Hinweis: Man verwende die Substitution $u = \frac{(x-\mu)}{\sqrt{2}\sigma}$.

Kl C:

1. Zeigen Sie, dass zu jedem $\xi \in \mathbb{R}$ Folgen $(a_n)_{n\in\mathbb{N}}, (b_n)_{n\in\mathbb{N}} \subset \mathbb{R}^+$ mit

$$\lim_{n\to\infty} a_n = \lim_{n\to\infty} b_n = \infty$$

existieren, so dass folgt

$$\lim_{n\to\infty} \int_{-a_n}^{b_n} \frac{x}{1+x^2}\, dx = \xi$$

(Lösungscode: SB05UI0C001)

2. Beweisen Sie das Monotoniekriterium: Es seien $b \in \mathbb{R} \cup \{\infty\}$ und $f : [a, b[\longrightarrow \mathbb{R}_{0,+}$ auf allen Teilintervallen $[c, d] \subset [a, b[$ integrierbar. Dann ist $f(\cdot)$ genau dann uneigentlich integrierbar, wenn

$$\sup_{c:a\leq c<b} \int_a^c f(x)\, dx < \infty$$

(Lösungscode: SB05UI0C002)

3. Man definiert $f : \mathbb{R} \longrightarrow \mathbb{R}$ gemäß

$$f(x) = \begin{cases} \frac{1}{b-a} & \text{falls } x \in [a, b] \\ 0 & \text{sonst.} \end{cases}$$

Bestimmen Sie die folgenden Integrale

a)

$$\int_{-\infty}^{\infty} x \cdot f(x)\, dx$$

(Lösungscode: SB05UI0C003)

b)

$$\int_{-\infty}^{\infty} x^2 \cdot f(x)\, dx$$

(Lösungscode: SB05UI0C004)

4. Beweisen Sie: Es seien $b \in \mathbb{R} \cup \{\infty\}$, $f, g : [a, b[\longrightarrow \mathbb{R}$ stetig f beschränkt und $|g(\cdot)|$ uneigentlich integrierbar. Dann ist auch $|f(\cdot)g(\cdot)|$ uneigentlich integrierbar auf $[a, b[$.

(Lösungscode: SB05UI0C005)

5. Beweisen Sie das Cauchy-Kriterium: Es seien $b \in \mathbb{R} \cup \{\infty\}$ und $f : [a, b[\longrightarrow \mathbb{R}$ auf allen Teilintervallen $[c, d] \subset [a, b[$ integrierbar. Dann ist $f(\cdot)$ genau dann uneigentlich integrierbar, wenn

$$\forall\, \epsilon > 0\ \exists R \in]a, b[\ \forall\, t, u \in]R, b[: \left| \int_t^u f(x)\, dx \right| < \epsilon$$

(Lösungscode: SB05UI0C006)

6. Konvergiert die Reihe $\sum_{n=1}^{\infty} \frac{1}{\sqrt{n}} e^{-\sqrt{n}}$?

(Lösungscode: SB05UI0C007)

Kl D:

1. Zeigen Sie, dass die Funktion

$$f(x) : [0, \infty[\longrightarrow \mathbb{R}, \quad x \longmapsto \frac{\sin(x)}{x}, \quad \text{für } x \neq 0, f(0) = 1$$

auf $[0, \infty[$ uneigentlich integrierbar ist, nicht aber $|f(x)|$.

(Lösungscode: SB05UI0D001)

2. Beweisen Sie das Abelsche Kriterium: Es seien $b \in \mathbb{R} \cup \{\infty\}$ und $f, g : [a, b[\longrightarrow \mathbb{R}$, f stetig und g stetig differenzierbar. Weiter sei f uneigentlich integrierbar und g monoton und beschränkt. Dann ist auch $f(\cdot)g(\cdot)$ auf allen Teilintervallen $[c, d] \subset [a, b[$ uneigentlich integrierbar.

(Lösungscode: SB05UI0D002)

3. Betrachtet wird die Funktion $f(x) = \sqrt{x} \cdot \cos(x^2)$ auf $[0, \infty[$.

   (a) Beweisen Sie mit Hilfe des Cauchy-Kriteriums und (zweimaliger) partieller Integration, dass f auf $[0, \infty[$ uneigentlich integrierbar ist.

(Lösungscode: SB05UI0D003)

(b) Gilt $\lim_{x\to\infty} f(x) = 0$?

(Lösungscode: SB05UI0D004)

(c) Ist $|f|$ auch uneigentlich integrierbar auf $[0, \infty[$?

(Lösungscode: SB05UI0D005)

Begründen Sie Ihre Antworten.

4. Beweis zu (2.36)

(a) Zeigen Sie

$$\forall\, x \in \mathbb{R}\ \forall\, n \in \mathbb{N}:\ e^{-nx^2} \leq \left(\frac{1}{1+x^2}\right)^n$$

und

$$\forall\, 0 \leq x \leq 1\ \forall\, n \in \mathbb{N}:\ (1-x^2)^n \leq e^{-nx^2}$$

(Lösungscode: SB05UI0D006)

(b) Zeigen Sie für $n \in \mathbb{N}$:

$$\sqrt{n} \int_0^{\frac{\pi}{2}} \sin^{2n+2}(t)\, dt \leq \int_0^{\infty} e^{-u^2}\, du \leq \sqrt{n} \int_0^{\frac{\pi}{2}} \sin^{2n-2}(t)\, dt$$

(Tipp: Verwenden Sie die Substitutionen $x = \cos(t)$, $u = \sqrt{n}x$ und $x = \cot(t)$.)

(Lösungscode: SB05UI0D007)

(c) Mit Hilfe von (2.28) zeigen Sie:

$$\sqrt{n}\frac{2}{3}\frac{4}{5}\cdot\ldots\cdot\frac{2n-2}{2n-1}\frac{2n}{2n+2} \leq \int_0^{\infty} e^{-u^2} du \leq \sqrt{n}\frac{\pi}{2}\frac{1}{2}\frac{3}{4}\cdot\ldots\cdot\frac{2n-3}{2n-1}$$

(Lösungscode: SB05UI0D008)

(d) Zeigen Sie nach Quadrieren, dass

$$\left(\int_0^{\infty} e^{-u^2}\, du\right)^2 = \frac{\pi}{4} \text{ und damit } \int_{-\infty}^{\infty} e^{-x^2}\, dx = \sqrt{\pi}$$

(Lösungscode: SB05UI0D009)

2.6 Laplacetransformation

Eine wichtige Anwendung des uneigentlichen Integrals ist die Konstruktion der sogenannten Laplacetransformation, die insbesondere in der Technik ihre Bedeutung erhält. In diesem Abschnitt wollen wir die Laplacetransformation einführen und eine erste Anwendung aufzeigen.
An ein paar Beispielen werden wir sehen, dass man aus einem recht komplizierten analytischem Problem ein algebraisches erzeugen kann, das wir mit dem jetzigen Stand unseres Wissens bereits lösen können. Beginnen wir aber mit zwei Anwendungsbeispielen zur Problemstellung.

Beispiele 2.6.1.

1. *Wir betrachten einen Wechselstromkreis, in dem eine Spule, ein Kondensator und ein Widerstand in Reihe geschaltet wurden.*

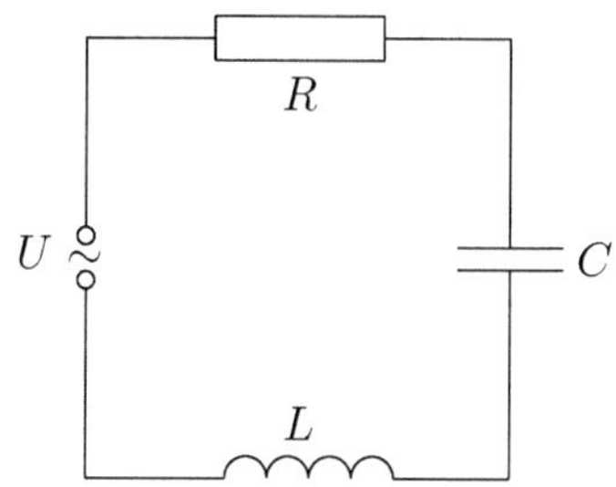

Abbildung 2.5: Wechselstromkreis

In Abbildung 2.5 bezeichnen L die Induktivität der Spule, R den Widerstand und C die Kondensatorkapazität. Seien $Q(t)$ die Ladung zur Zeit $t \geq 0$ auf dem Kondensator und $U(t)$ die zum selben Zeitpunkt angelegte äußere Spannung. Dann gilt nach den Ohmschen Gesetzen:

$$LQ''(t) + RQ'(t) + \frac{Q(t)}{C} = U(t), \; Q(0) = Q_0, \; Q'(0) = I_0 \quad (2.37)$$

Hierbei sind Q_0 die Anfangsladung auf dem Kondensator und I_0 die Anfangsstromstärke.
Sei nun $U(t)$ gegeben und zwar unter der Bedingung, dass z. B. bis zur Zeit $t_1 > 0$ keine Spannung anliege und für $t \geq t_1$ dann eine

Wechselspannung $U(t) = U_0 \cdot \sin(\omega t),\ \omega > 0$, *also*

$$U(t) = \begin{cases} 0, & \textit{für } t < t_1 \\ U_0 \cdot \sin(\omega t) & \textit{für } t \geq t_1 \end{cases} \tag{2.38}$$

Ziel ist es nun, die Funktion der Ladung $Q(t)$ *und damit auch die Zeitabhängigkeit der Stromstärke* $I(t)$ *aus den Voraussetzungen zu ermitteln.*

2. *Erzwungene gekoppelte Schwingung*

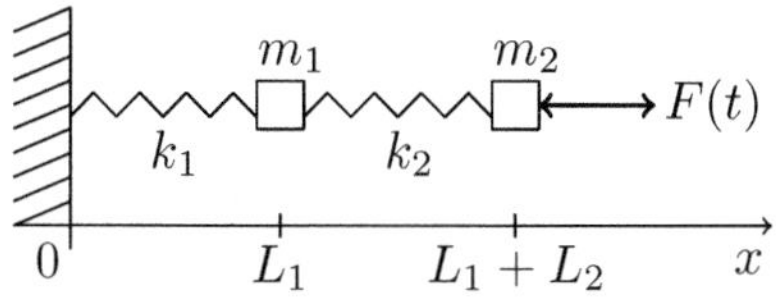

Abbildung 2.6: Gekoppelte Schwingmassen

In Abbildung 2.6 sind zwei Massen untereinander und mit einer Wand über zwei Federn gekoppelt. Der Einfluss der Gravitation auf diese Schwingmassen soll unberücksichtigt bleiben, die Federn seien masselos und das System reibungsfrei. In Abbildung 2.6 stehen $m_i,\ i = 1, 2$, *für die Schwingmassen, die horizontal bewegt werden.* $F(t)$ *stellt eine äußere zeitabhängige Kraft dar, welche horizontal auf die Massen wirkt. Die Massen werden untereinander durch eine Feder mit Federkonstanten* k_2 *und Länge* L_2 *verbunden, während* m_1 *an der Wand mit einer Feder mit Federkonstanten* k_1 *und Länge* L_1 *befestigt ist. Sind beide Massen im Gleichgewicht, so ist die erste Masse* m_1 *genau* L_1 *von der Wand entfernt und die zweite* $L_1 + L_2$.

Hat nun die erste Masse von der Wand den Abstand $L_1 + x_1$, *so wird mit* $L_1 + L_2 + x_2$ *die Position der zweiten dargestellt* (x_1, x_2 *können auch negativ sein). Nach den Newton'schen Gesetzen erhält man, mit* $\frac{d^2}{dt^2}x = \ddot{x}$, *die Bewegungsgleichungen:*

$$\begin{aligned} m_1\ddot{x}_1(t) &= -(k_1 + k_2) \cdot x_1(t) + k_2 \cdot x_2(t) \\ m_2\ddot{x}_2(t) &= k_2 \cdot x_1(t) - k_2 \cdot x_2(t) + F(t) \end{aligned} \tag{2.39}$$

Gesucht sind hierbei die Funktionen $x_1(t), x_2(t)$, *welche die Gleichungen (2.39) gleichzeitig lösen.*

In den Beispielen 2.6.2 stellt (2.37) eine gewöhnliche Differenzialgleichung erster Ordnung dar und (2.39) ein System von gewöhnlichen Differenzialgleichungen zweiter Ordnung. Die Lösungen beider Differenzialgleichungen sind die gesuchten Größen, wobei die Kenntnis ihrer Zeitabhängigkeit es ermöglicht, Aussagen z. B. über das zukünftige Verhalten des physikalischen bzw. technischen Systems treffen zu können.
Für Gleichungen wie (2.37) und (2.39) existiert als eine mögliche Lösungsmethode die sogenannte Laplacetransformation[5], deren Grundidee man schematisch folgendermaßen angeben kann:

1. Eine Differenzialgleichung (DGL) soll gelöst werden.
2. Man möchte aber den direkten Lösungsweg zur DGL umgehen.
3. Man transformiert daher die DGL in eine algebraische Gleichung.
4. Man löst die algebraische Gleichung.
5. Man transformiert sowohl die DGl, als auch ihre Lösung wieder zurück.

Für das beschriebene Vorgehen benötigt man folglich eine geeignete Transformation, die injektiv, also eindeutig umkehrbar ist.
Für die meisten technischen Anwendungen betrachtet man keine Funktionen, die für alle $t \in \mathbb{R}$ bekannt sein müssen, da oft erst ab einem Startwert, z. B. $t_0 = 0$, überhaupt gemessen wurde. Es reicht folglich aus, Funktionen für die Transformation zuzulassen, die auf $\mathbb{R}_0^+$ definiert sind.

Definition 2.6.1. *(Laplacetransformierte)*
Es sei $f : [0, \infty[\longrightarrow \mathbb{R}$ *auf jedem Teilintervall* $[0, b]$, $b \in \mathbb{R}_0^+$, *integrierbar. Falls das uneigentliche Integral*

$$\mathcal{L}(f)(x) = \int_0^\infty f(t) \cdot e^{-x \cdot t} \, dt \tag{2.40}$$

für ein $x \in \mathbb{R}$ *existiert, so nennt man die Funktion* $\mathcal{L}(f)(x)$ *die* **Laplacetransformierte** *von* f *an der Stelle* x.

---

[5] Pierre Simon Laplace (1749 – 1827) war Physiker und Mathematiker und wurde (1773) bezahltes Mitglied der Pariser Akademie. Im Jahr 1794 zum Professor an der École Polytechnique in Paris ernannt, erschien 1812 sein Werk *Théorie analytique des probabilités*, eine Zusammenfassung des Wissen über Wahrscheinlichkeit in seiner Zeit. Seine Hauptarbeitsgebiete umfassten Differenzialgleichungen, Himmelsmechanik und Wahrscheinlichkeitsrechnung.

Bemerkungen 2.6.1.

- *In der Laplacetransformierten (2.40) taucht im Integranden der Faktor* e^{-xt}*, auch Dämpfungsfaktor genannt, auf, der hier sicherstellt, dass das uneigentliche Integral in* $\mathcal{L}(f)(x)$ *auf* $[0,\infty[$ *auch konvergieren kann. Genau genommen entstammt die Berechnung der Laplacetransformierten als Spezialfall der Fouriertransformation, auf die wir in diesem Buch aber nicht eingehen werden.*
- *Berechnet man zu einer Funktion* f *deren Laplacetransformierte* $\mathcal{L}(f)$*, so spricht man von der* **Laplacetransformation** *von* f*.*

Nun kann nicht zu jeder Funktion ihre Laplacetransformierte sinnvoll berechnet werden, weshalb es notwendig ist, festzulegen, welche Funktionen in $\mathcal{L}$ zulässig sind.

Definition 2.6.2. *(zulässige Funktionen)*
Es sei $f : [0,\infty[\longrightarrow \mathbb{R}$ *auf jedem Teilintervall* $[0,b]$*,* $b \in \mathbb{R}_0^+$*, integrierbar.* f *heißt (für die Laplacetransformation)* **zulässige Funktion**, *wenn es ein* $x_0 \in \mathbb{R}$ *und* $C > 0$ *gibt mit* $|f(t)| \leq C \cdot e^{x_0 \cdot t}$ *für* $t \in [0,\infty[$.

Bemerkungen 2.6.2.

- *Funktionen, welche die in Definition 2.6.2 festgelegte Eigenschaft besitzen, werden auch von „***exponentieller Ordnung***" genannt.*
- *Dass sich die Laplacetransformierte einer zulässigen Funktion auch für alle* $x > x_0$ *berechnen lässt, zeigt die Abschätzung von* $|\mathcal{L}(f)(x)|$

$$\left|\int_0^\infty f(t)e^{-x\cdot t}dt\right| \leq \int_0^\infty |f(t)|e^{-x\cdot t}dt \leq \int_0^\infty C\cdot e^{x_0\cdot t}e^{-x\cdot t}dt$$
$$= C\cdot \int_0^\infty e^{-(x-x_0)\cdot t}dt = \frac{C}{x_0 - x}$$

- *Die Menge der für die Laplacetransformation zulässigen Funktionen*
$$Lap(\mathbb{R}) = \{f : [0,\infty[\longrightarrow \mathbb{R};\ f \text{ zulässig}\}$$
ist ein $\mathbb{R}$*-Vektorraum.*

Wir können damit die **Laplacetransformation als lineare Abbildung** auf $Lap(\mathbb{R})$ erklären, denn es gilt für $f, g \in Lap(\mathbb{R})$:

$$\mathcal{L}(f+g)(x) = \mathcal{L}(f)(x) + \mathcal{L}(g)(x) \tag{2.41}$$

für $x \geq x_0$ und $|f(t)|, |g(t)| \leq C \cdot e^{x_0 \cdot t}$. Starten wir mit zwei Beispielen.

Beispiele 2.6.2.

1. *Als erste Funktion für die Laplacetransformation wählen wir* $f(t) = e^t$. *(Dass* $f \in Lap(\mathbb{R})$ *gilt, folgt sofort für* $x_0 = 1, C = 1$.*)*

$$\begin{aligned}\int_0^\infty f(t)\cdot e^{-x\cdot t}\,dt = \int_0^\infty e^t\cdot e^{-x\cdot t}\,dt &= \int_0^\infty e^{-(x-1)\cdot t}\,dt\\ &= \lim_{\delta\to\infty}\left[\frac{1}{-(x-1)}\,e^{-(x-1)t}\right]_0^\delta\\ &= 0+\frac{1}{x-1}\ (\text{ für } x>1)\\ &= \frac{1}{x-1}\end{aligned}$$

2. *Als zweites Beispiel transformieren wir die folgende Sprungfunktion, mit* $a \in \mathbb{R}^+$

$$u_a(t) = \begin{cases} 0 & \text{für } 0 \le t < a \\ 1 & \text{für } t \ge a \end{cases} \tag{2.42}$$

Dann errechnet sich die Laplacetransformation von u_a *nach Einsetzen der Definition von* $u_a(t)$:

$$\begin{aligned}\mathcal{L}(u_a)(x) &= \int_0^\infty u_a(t)\cdot e^{-tx}\,dt \qquad (2.43)\\ &= \int_0^a u_a(t)\cdot e^{-tx}\,dt + \int_a^\infty u_a(t)\cdot e^{tx}\,dt\\ &= \int_a^\infty e^{-tx}\,dt = \left[-\frac{1}{x}\cdot e^{-tx}\right]_a^\infty = \frac{1}{x}\cdot e^{-ax}\end{aligned}$$

Satz 2.6.1.
Die Laplacetransformation ist auf $Lap(\mathbb{R}) \cap C([0,\infty[) = L$ *linear und injektiv.*[6] *Damit existiert auf dem Bild von* $\mathcal{L}(f)$, $f \in L$, *eine Umkehrabbildung.*

Beweis. (Skizze)
Die Linearität ist bereits bekannt. Lap($\mathbb{R}$)$\cap C([0,\infty[)$ ist ein Vektorraum. Dann braucht man (siehe [SM02]) nur noch zu zeigen, dass $\mathcal{L}(f)(x) = 0$ nur für die Nullfunktion gilt. □

[6] $C([0,\infty[)$ bezeichnet hier die Menge der auf dem Intervall $[0,\infty[$ stetigen Funktionen (siehe auch Definition 3.1.3).

Nach Satz 2.6.1 kann man auf dem Bild der Laplacetransformierten einer zulässigen stetigen Funktion eindeutig eine Umkehrabbildung definieren, die wir als **inverse Laplacetransformation** mit $\mathcal{L}^{-1}$ bezeichnen.

Beispiel 2.6.3.
Wir geben hier zur Verdeutlichung zu einigen elementaren Funktionen deren Laplacetransformierte und die Inversen an.

$\mathcal{L}(e^{\alpha\cdot t})(x) = \frac{1}{x-\alpha}, \quad x > \alpha$	$\mathcal{L}^{-1}\left(\frac{1}{x-\alpha}\right) = e^{\alpha t}$
$\mathcal{L}(1)(x) = \frac{1}{x}$	$\mathcal{L}^{-1}\left(\frac{1}{x}\right) = 1$
$\mathcal{L}(\cos(\omega t))(x) = \frac{x}{x^2+\omega^2}$	$\mathcal{L}^{-1}\left(\frac{x}{x^2+\omega^2}\right) = \cos(\omega t)$
$\mathcal{L}(\sin(\omega t))(x) = \frac{\omega}{x^2+\omega^2}$	$\mathcal{L}^{-1}\left(\frac{\omega}{x^2+\omega}\right) = \sin(\omega t)$
$\mathcal{L}\left(\frac{t^n}{n!}\right)(x) = \frac{1}{x^{n+1}}, \ n = 0, 1, 2, ...$	$\mathcal{L}^{-1}\left(\frac{1}{x^n}\right) = \frac{t^{n-1}}{(n-1)!}$

Um die Laplacetransformationen aus Beispiel 2.6.3 besser zu verstehen, ist es immer ratsam, die einzelnen Laplacetransofmierten nach der Definition nachgerechnet zu haben. In der praktischen Anwendung wird man oft die bekannten Ergebnisse von Laplacetransformierten aus tabellarischen Listen entnehmen und als Teil einer Algebra der Laplacetransformation verwenden. Für diese Algebra stehen noch Sätze bzw. „Rechenregeln“ zur Verfügung, von denen die wichtigsten in folgendem Satz zusammengefasst sind.

Satz 2.6.2. *(Rechensätze der Laplacetransformation)*
Im Folgenden seien $f, g \in Lap(\mathbb{R})$, abschnittsweise stetig, $\alpha, \beta \in \mathbb{R}$ und $c \in \mathbb{R}^*$. Dann gelten

Der Linearitätssatz:

$$\mathcal{L}(\alpha \cdot f + \beta \cdot g)(x) = \alpha \cdot \mathcal{L}(f)(x) + \beta \cdot \mathcal{L}(g)(x)$$

Der Ähnlichkeitssatz:

$$\mathcal{L}(f(c \cdot t))(x) = \frac{1}{c} \cdot \mathcal{L}(f)(x)$$

Der Integralsatz:
Sei $F(t) = \int_0^t f(s)\,ds$. *Dann folgt*

$$\mathcal{L}(F)(x) = \frac{1}{x} \cdot \mathcal{L}(f)(x)$$

Der Differenziationssatz (Urbildbereich):
Sei zudem f abschnittsweise mindestens zweimal differenzierbar. Dann folgt

$$\begin{aligned}
\mathcal{L}(f'(t))(x) &= -f(0) + x \cdot \mathcal{L}(f)(x) \\
\mathcal{L}(f''(t))(x) &= x^2 \cdot \mathcal{L}(f)(x) - x \cdot f(0) - f'(0) \\
&\vdots \\
\mathcal{L}(f^{(n)}(t))(x) &= x^n \mathcal{L}(f)(x) - \sum_{i=0}^{n-1} f^{(i)}(0) \cdot x^{n-i-1}
\end{aligned}$$

Der Faltungssatz:
Zu $f, g \in Lap(\mathbb{R})$ *definiere man die Faltung*

$$(f \star g)(x) := \int_{-\infty}^{\infty} f(x-u)g(u)\,du = \int_0^x f(x-u)g(u)\,du\,,$$

die sich für die Laplacetransformation auf das Intervall $[0, x]$ *beschränken lässt, da* f, g *nach Voraussetzung nur für Argumente* $(x-u) \in \mathbb{R}_0^+$ *ungleich Null sind.*

Für die Faltung von f und g gilt dann

$$\mathcal{L}\left(f \star g\right)(x) = \mathcal{L}(f)(x) \cdot \mathcal{L}(g)(x)$$

Neben dem in den Rechensätzen 2.6.2 auftretenden Differenziationssatz gibt es einen zweiten insbesondere für das Lösen von Differenzialgleichungen nützlichen Zusammenhang, nämlich die Differenziation der Laplacetransformierten, denn es gilt

$$\begin{aligned}
\frac{d}{dx}\mathcal{L}(f)(x) &= \frac{d}{dx}\left(\int_0^\infty e^{xt} \cdot f(t)\,dt\right) = \int_0^\infty \left(\frac{d}{dx} e^{-xt} \cdot f(t)\right) dt \\
&= -\int_0^\infty t \cdot e^{-xt} \cdot f(t)\,dt = -\mathcal{L}\left(t \cdot f(t)\right)(x) \qquad (2.44)
\end{aligned}$$

und so folgt

$$\mathcal{L}(t \cdot f(t))(x) = -\frac{d}{dx}\left(\mathcal{L}(f)(x)\right)$$

Wendet man die Ableitung analog zu (2.44) n-mal an, so erhält man :

Satz 2.6.3. (Der Differenziationssatz (Bildbereich))
Sind f zulässig und $n \in \mathbb{N}$, so gilt

$$\begin{aligned}
\mathcal{L}(t \cdot f(t))(x) &= -\frac{d}{dx}(\mathcal{L}(f)(x)) \\
\mathcal{L}(t^2 \cdot f(t))(x) &= \frac{d^2}{d^2x}(\mathcal{L}(f)(x)) \\
&\vdots \\
\mathcal{L}(t^n \cdot f(t))(x) &= (-1)^n \frac{d^n}{dx^n}\mathcal{L}(f(t))(x)
\end{aligned}$$

Bemerkung 2.6.3.
Der Differenziationssatz 2.6.3 besagt, dass eine alternierende Ableitung im Bildbereich der zu transformierenden Funktion der Multiplikation mit dem zugehörigen Monom im Urbildbereich der Laplacetransformation gleichkommt.
Dies ist insbesondere dann besonders hilfreich, wenn wir Gleichungen wie (2.37) und (2.39) aus den Eingangsbeispielen lösen wollen, in denen Ableitungen der gesuchten Funktionen auftreten.

Wir können jetzt prinzipiell die Rechenregeln aus Satz 2.6.2 und Satz 2.6.3 verwenden, um Gleichungen von physikalischen oder technischen Problemen, wie in den Beispielen 2.6.2, mit Hilfe der Laplacetransformation zu lösen.
Bevor wir uns jedoch diesem Verfahren zuwenden, gehen wir noch auf den finalen Schritt des Lösungsverfahrens ein, nämlich im Bildbereich der Laplacetranformation eine Rücktransformation vorzunehmen.

Wir hatten die Inverse Laplacetransformation bislang nur erwähnt, müssen aber etwas mehr über sie wissen bzw. darüber, wie man sie bestimmen kann.

Wir beginnen mit einem Beispiel und beschränken uns dabei erst einmal auf das Bild einer stetigen zulässigen Funktion, $f \in \text{Lap}(\mathbb{R}) \cap C([0, \infty[)$.

Beispiel 2.6.4. *(Rücktransformation)*
Welche Funktion f besitzt als Laplacetransformierte

$$\mathcal{L}(f)(x) = \frac{1}{(x^2+1)^2} \; ?$$

$$\begin{aligned}
\frac{1}{(x^2+1)^2} &= -\frac{1}{2}\frac{1}{x}\frac{-2x}{(x^2+1)^2} = -\frac{1}{2}\frac{1}{x}\frac{d}{dx}\left(\frac{1}{x^2+1}\right) \\
&= -\frac{1}{2}\frac{1}{x}\frac{d}{dx}\left(\mathcal{L}(\sin(t))(x)\right) \\
&= \frac{1}{2}\frac{1}{x}\mathcal{L}(t\cdot\sin(t))(x) \qquad \textit{[Differenziationssatz]} \\
&= \frac{1}{2}\mathcal{L}\left(\int_0^t u\cdot\sin(u)\,du\right) \qquad \textit{[Integralsatz]} \\
&= \frac{1}{2}\mathcal{L}\left(\left[-u\cdot\cos(u)+\sin(u)\right]_0^t\right) = \mathcal{L}\left(\frac{1}{2}\left(-t\cdot\cos(t)+\sin(t)\right)\right)
\end{aligned}$$

und damit lautet die gesuchte Funktion $f(t) = \frac{1}{2}(-t\cdot\cos(t)+\sin(t))$.

Neben den Rechensätzen zur Laplacetransformation (Satz 2.6.2 und 2.6.3) ergibt sich noch ein wichtiger Zusammenhang, wenn im Argument der Laplacetransformation ein zusätzlicher Dämpfungsterme auftritt.

Verschiebungsregel

Versieht man ein zulässige Funktion f mit einem Vorfaktor e^{-at}, so ergibt sich für die Laplacetransformierte dieses Produkts bei $a \in \mathbb{R}_0^+$

$$\mathcal{L}(e^{-at}f(t))(x) = \int_0^\infty e^{-xt}e^{-at}f(t)dt = \int_0^\infty e^{-(x+a)t}f(t)dt$$

und damit die Verschiebungsregel:

Satz 2.6.4. *(Verschiebungsregel)*
Seien f zulässig, $a \in \mathbb{R}_0^+$ und $F(x) = \mathcal{L}(f)(x)$ mit $x \geq x_0$, so gilt, für $x \geq x_0 - a$,

$$\mathcal{L}(e^{-at}f(t))(x) = F(x+a)$$

Andererseits gilt für die inverse Laplacetransformation, für $x \geq x_0$,

$$\mathcal{L}^{-1}(F(x))(t) = e^{at}\cdot\mathcal{L}^{-1}\left(F(x+a)\right)$$

Bemerkung 2.6.4.
Die Verschiebungsregel besagt, dass ein zusätzlicher Dämpfungsfaktor, e^{-at}, im Argument der Laplacetransformation einer Verschiebung um a im Bildbereich gleichkommt.

Bevor wir uns weiteren Beispielen zur Anwendung der Laplacetransformation zuwenden, gehen wir noch auf den Aspekt ein, dass gerade in der Physik und den Ingenieurwissenschaften abschnittsweise definierte Funktionen vorkommen (siehe z. B. Abschnitt 3.4), deren Laplacetransformierte zu berechnen ist.

Laplacetransformation abschnittsweise definierter Funktionen

Wir beginnen mit einer einfachen Situation. Beschreibt eine zulässige Funktion f eine physikalische Größe, deren Wert erst ab einem Zeitpunkt $t = a > 0$ ungleich null ausfallen soll, dann definieren wir für $a > 0$ eine Sprungfunktion wie in (2.42)

$$u_a(t) = \begin{cases} 0 & \text{für } 0 \leq t < a \\ 1 & \text{für } t \geq a \end{cases}$$

und können den realen Effekt von f durch das Produkt $u_a(t) \cdot f(t)$ für $t \in [0, \infty[$ beschreiben.
Wir berechnen zuerst die Laplacetransformation von u_a analog zu (2.43) und anschließend die des Produktes $u_a \cdot f$:

$$\begin{aligned} \mathcal{L}(u_a)(x) &= \int_0^\infty u_a(t) \cdot e^{-tx} dt = \int_a^\infty 1 \cdot e^{-xt} dt \\ &= \int_0^\infty 1 \cdot e^{-x(t+a)} dt = e^{-xa} \cdot \mathcal{L}(1) = e^{-xa} \cdot \frac{1}{x} \end{aligned} \tag{2.45}$$

Gehen wir jetzt den Schritt weiter und ersetzen die „1“ in (2.45) durch die zulässige Funktion f. Dann folgt mit

$$u_{a,f}(t) = \begin{cases} 0 & \text{für } 0 \leq t < a \\ f(t) & \text{für } t \geq a \end{cases} \tag{2.46}$$

für die Laplacetransformation von $u_{a,f} = u_a \cdot f$:

$$\begin{aligned} \mathcal{L}(u_{a,f})(x) &= \int_0^\infty u_a(t) \cdot e^{-tx}\, dt = \int_a^\infty f(t) \cdot e^{-xt}\, dt \\ &= \int_0^\infty f(t+a) \cdot e^{-x(t+a)}\, dt = e^{-xa} \cdot \mathcal{L}(f(t+a))(x) \end{aligned} \tag{2.47}$$

Bemerkung 2.6.5.
Die in (2.46) definierte Sprungfunktion lässt sich problemlos auf die Formel für eine abschnittsweise definierte Funktion erweitern.

$$u_{a,f,g}(t) = \begin{cases} f(t) & \text{für } 0 \leq t < a \\ g(t) & \text{für } t \geq a \end{cases} \tag{2.48}$$

und wenn $f, g : [0, \infty[\longrightarrow \mathbb{R}$ *über allen endlichen Intervallen integrierbar sind und* g *zulässig ist, ergibt sich die Laplacetransformierte zu* $u_{a,f,g}$

$$\mathcal{L}(u_{a,f,g})(x) = \int_0^a f(t)e^{-xt}dt + e^{-xa}\mathcal{L}(g(t+a))(x) \tag{2.49}$$

Anwendung

Die Laplacetransformation findet vor allem Anwendung zum Lösen von sogenannten Differenzialgleichungen wie (2.37) und (2.39), also Gleichungen in denen eine unbekannte Funktion und ihre Ableitungen enthalten sind, wobei es gilt, diejenige Funktion zu bestimmen, welche schlussendlich die Differenzialgleichung löst. Da wir diese Differenzialgleichungen jedoch noch nicht behandelt haben, formulieren wir die Fragestellung in der bis jetzt schon bekannten Terminologie anhand eines Beispiels:

Beispiel 2.6.5.
Gesucht ist eine Funktion $f : \mathbb{R} \to \mathbb{R}$, *die zweimal stetig differenzierbar sei und die folgende Gleichung erfüllen soll*

$$f''(t) - 2f'(t) + 2f(t) = \cos(t) + 2\sin(t), \quad \text{für } t \in \mathbb{R} \tag{2.50}$$

Zusätzlich möchten wir noch fordern, dass die folgenden „Anfangsbedingungen“ gelten sollen

$$f(0) = 2 \text{ und } f'(0) = 4$$

Wenden wir jetzt auf die Gleichung (2.50) formal die Laplacetransformierte sowohl auf der rechten Seite als auch auf der linken Seite an, so gilt aufgrund der Linearität der Laplacetransformation, dass die Laplacetransformierte je Summand gebildet werden kann.

Laplacetransformierte der linken Seite von (2.50):

$$\begin{aligned}\mathcal{L}\left(f''(t)-2f'(t)+2f(t)\right)(x) =&\mathcal{L}(f''(t))(x)-2\mathcal{L}(f'(t))(x)+2\mathcal{L}(f(t))(x)\\ =&x^2\cdot\mathcal{L}(f)(x)-xf(0)-f'(0)\\ &-2\cdot(x\cdot\mathcal{L}(f)(x)-f(0))\\ &+2\cdot\mathcal{L}(f)(x)\\ =&x^2\cdot\mathcal{L}(f)(x)-2x-4\\ &-2\cdot(x\cdot\mathcal{L}(f(t))(x)-2)\\ &+2\cdot\mathcal{L}(f)(x)\end{aligned}\tag{2.51}$$

Laplacetransformierte der rechten Seite von (2.50):

$$\begin{aligned}\mathcal{L}(\cos(t)+2\cdot\sin(t))(x) =&\mathcal{L}(\cos(t))(x)+2\cdot\mathcal{L}(\sin(t))(x)\\ =&\frac{x}{x^2+1}+2\cdot\frac{1}{x^2+1}\end{aligned}\tag{2.52}$$

Setzen wir nun (2.51) und (2.52) in Gleichung (2.50) ein und stellen um, erhalten wir die Laplacetransformierte der gesuchten Funktion f.

$$\underbrace{x^2\cdot\mathcal{L}(f)(x)-2x-4}_{\mathcal{L}(f''(t))(x)}\underbrace{-2x\cdot\mathcal{L}(f)(x)+4}_{-2\cdot\mathcal{L}(f'(t))(x)}+2\cdot\mathcal{L}(f)(x)=\frac{x}{x^2+1}+\frac{2}{x^2+1}$$

$$\begin{aligned}\Rightarrow\mathcal{L}(f)(x)\cdot(x^2-2x+2) =&\frac{x+2}{x^2+1}+2x\\ =&\frac{x+2+2x(x^2+1)}{x^2+1}\\ \Rightarrow\mathcal{L}(f)(x) =&\frac{3x+2+2x^3}{(x^2+1)(x^2-2x+2)}\end{aligned}\tag{2.53}$$

Um die Funktion f zu ermitteln, wenden wir die Regeln der inversen Laplacetransformation an.
Dazu müssen wir die rechte Seite geschickt in eine Summe von Einzelbrüchen umwandeln, die dann wieder mit den bekannten inversen Laplacetransformation aus Beispiel 2.6.3 berechenbar sind.
Die Linearität der Laplacetransformation wird uns dann das Ergebnis liefern. Für die Behandlung der gebrochen rationalen Funktion verwenden wir die uns aus Abschnitt 2.4 (siehe auch [SM04]) bekannte Partialbruchzerlegung.

Partialbruchzerlegung:

$$\mathcal{L}(f)(x) = \frac{3x + 2 + 2x^3}{(x^2+1)(x^2-2x+2)} = \frac{x}{x^2+1} + \frac{x+2}{x^2-2x+2} \tag{2.54}$$

Die inverse Laplacetransformation des ersten Summand in (2.54) lautet:

$$\mathcal{L}^{-1}\left(\frac{x}{x^2+1}\right)(t) = \cos(t)$$

Teilt man den zweiten Summanden in (2.54) noch geschickt in zwei Summanden so auf, dass zwei Laplacetransoformierte von verschobenen bekannten Funktionen entstehen, erhält man

$$\frac{x+2}{x^2-2x+2} = \underbrace{\frac{x-1}{(x-1)^2+1}}_{\mathcal{L}(e^t \cdot \cos(t))} + \underbrace{3 \cdot \frac{1}{(x-1)^2+1}}_{3 \cdot \mathcal{L}(e^t \cdot \sin(t))}$$

und in Summe als Endergebnis die geuschte Funktion

$$\Rightarrow f(t) = \cos(t) + e^t \cdot \cos(t) + 3 \cdot e^t \cdot \sin(t)$$

2.6.1 Kurzfragen zum Verständnis

1. Es seien f und g zulässig und es exisistieren $\mathcal{L}(f)(x)$ und $\mathcal{L}(g)(x)$ für $s > x_0$. Dann gilt

$$\mathcal{L}(f \cdot g)(x) = \mathcal{L}(f)(x) \cdot \mathcal{L}(g)(x)$$

   für $s > x_0$.

   □ wahr □ falsch

2. Sind $f, g : \mathbb{R} \longrightarrow \mathbb{R}$ zulässig, so auch $f \cdot g$.

   □ wahr □ falsch

3. Sei $f : [0, \infty[\longrightarrow \mathbb{R}$ positiv und uneigentlich integrierbar über $[0, \infty[$. Dann besitzt f eine Laplacetransformierte $\mathcal{L}(f)(x)$ für $s > 0$.

   □ wahr □ falsch

4. Die Funktion

$$f(x) = \frac{\sin(x)}{x}$$

   ist zulässig.

   □ wahr □ falsch

5. Ist $f : \mathbb{R} \longrightarrow \mathbb{R}$ zulässig und existiert $\mathcal{L}(f)(x)$ für $s > x_0$, so ist $\mathcal{L}(f)$ über $]x_0, \infty[$ uneigentlich integrierbar.

   □ wahr □ falsch □ nur wenn f konstant ist

6. Für eine zulässige Funktion $f : \mathbb{R} \longrightarrow \mathbb{R}$ ist deren Laplacetransformierte $\mathcal{L}(f)$ stetig

   □ wahr □ falsch

2.6.2 Übung

Lösungsvideos zu den Übungen können auf www.lsgn24h.de über die Eingabe des Lösungscodes abgerufen werden.

Kl A:

1. Berechnen Sie die Laplacetransformation von $f(t) = \cosh(t)$

   (Lösungscode: SB05LP0A001)

2. Bestimmen Sie die inverse Laplacetransformation von

   (a)
   $$F(s) = \frac{2}{s-1}$$
   (Lösungscode: SB05LP0A002)

   (b)
   $$F(s) = \frac{1}{2s-1}$$
   (Lösungscode: SB05LP0A003)

   (c)
   $$F(s) = \frac{1}{s+2}$$
   (Lösungscode: SB05LP0A004)

   (d)
   $$F(s) = \frac{1}{s^2}$$
   (Lösungscode: SB05LP0A005)

   (e)
   $$F(s) = \frac{s}{s^2+4}$$
   (Lösungscode: SB05LP0A006)

   (f)
   $$F(s) = \frac{1}{s^3+3}$$
   (Lösungscode: SB05LP0A007)

Kl B:

1. Bestimmen Sie die inverse Laplacetransformation von

   (a)
   $$F(s) = \frac{3}{s^2+1} - \frac{20}{s^4} + \frac{3}{s}$$
   (Lösungscode: SB05LP0B001)

   (b)
   $$\frac{1}{(s+1)(s-3)}$$
   (Lösungscode: SB05LP0B002)

2. Lösen Sie mittels Laplacetransformation jeweils die Differenzialgleichungen zu den gegebenen Anfangswerten.

   (a)
   $$x'' - 2x' - 3x = 1,\ x(0) = 2,\ x'(0) = -2$$
   (Lösungscode: SB05LP0B003)

   (b)
   $$x'' + 2x' - 3x = 5e^{2t}\ x(0) = 2,\ x'(0) = 0$$
   (Lösungscode: SB05LP0B004)

3. Es seien $f, g : [0, \infty[\longrightarrow \mathbb{R}$ mit $f(t) = e^{at}$ und $g(t) = e^{bt}$, für $a < b$. Bestimmen Sie $f \star g$.

   (Lösungscode: SB05LP0B005)

4. Bestimmen Sie die unbekannte zweimal stetig differenzierbare Funktion $f : [0, \infty[:\longrightarrow \mathbb{R}$ mit $f(0) = f'(0) = 0$ und
   $$f''(x) + f(x) = \cos(x), x \in]0, \infty[$$
   (Lösungscode: SB05LP0B006)

5. Bestimmen Sie die unbekannte zweimal stetig differenzierbare Funktion $f : [0, \infty[:\longrightarrow \mathbb{R}$ mit $f(0) = f'(0) = 0$ und
   $$f''(x) + f(x) = \cos(x), x \in]0, \infty[$$
   (Lösungscode: SB05LP0B007)

Kl C:

1. Beweisen oder widerlegen Sie: Sind zwei Funktionen f, g und auch deren Produkt $f \cdot g$ zulässig, so gilt

$$\mathcal{L}(f \cdot g) = \mathcal{L}(f) \cdot \mathcal{L}(g)$$

(Lösungscode: SB05LP0C001)

2. Bestimmen Sie die inverse Laplacetransformation von

(a)
$$\frac{1}{s(s+1)(s-3)}$$
(Lösungscode: SB05LP0C002)

(b)
$$\frac{s+4}{s^2+4s+3}$$
(Lösungscode: SB05LP0C003)

(c)
$$\frac{1}{s^4-1}$$
(Lösungscode: SB05LP0C004)

3. Lösen Sie mittels Laplacetransformation jeweils die Differenzialgleichungen zu den gegebenen Anfangswerten.

(a)
$$x'''' - x = 0,\ x(0) = 1,\ x'(0) = x''(0) = x'''(0) = 0$$
(Lösungscode: SB05LP0C005)

(b)
$$x'''' - x = 1,\ x(0) = 1, x'(0) = x''(0) = x'''(0) = 0$$
(Lösungscode: SB05LP0C006)

4. Zeigen Sie für $k \in \mathbb{N}_0$, dass

$$\mathcal{L}\left(f(t+k)\right)(x) = e^{ks}\mathcal{L}(f(t)) - e^{ks}\int_0^k e^{-st} f(t)dt$$

(Hinweis: Bestimmen Sie $\mathcal{L}(f(t) - u_k(t)g(t-k))$ für $g(t) = f(t-k)$)

(Lösungscode: SB05LP0C007)

Kl D:

1. Bestimmen Sie die inverse Laplacetransformation von

   (a)
   $$\frac{1}{(s^2+1)(s^2+4)}$$
   (Lösungscode: SB05LP0D001)

   (b)
   $$\frac{s+1}{(s^2+1)s}$$
   (Lösungscode: SB05LP0D002)

   (c)
   $$\frac{1}{(s-1)^6}$$
   (Lösungscode: SB05LP0D003)

   (d)
   $$\frac{1}{s^2+6s+9}$$
   (Lösungscode: SB05LP0D004)

   (e)
   $$\frac{s+1}{s^2+3s+3}$$
   (Lösungscode: SB05LP0D005)

2. Lösen Sie mittels Laplacetransformation jeweils die Differenzialgleichungen zu den gegebenen Anfangswerten.

   $$x'''' - 2x'' + x = 0,\ x(0) = x'(0) = x''(0) = 0,\ x'''(0) = -1$$

   (Lösungscode: SB05LP0D006)

3. Geben Sie die Lösungsfunktion $Q(t)$ zu Gleichung (2.37) aus Beispiel 2.6.2 an.

   (Lösungscode: SB05LP0D007)

FOR SALE
„100 € pro qm, der Platz ist einmalig, unverbaubarer Meerblick, ständig wechselndes Bergpanorama"
„Wie groß ist das Grundstück?"
MAKLER

3. Numerische Integration

Kreativität ist Intelligenz, die Spaß macht.

Albert Einstein (1879-1955)

Im letzten Kapitel haben wir das Riemann-Integral eingeführt, dessen Eigenschaften hergeleitet und Methoden zur Berechnung des Integrals bereitgestellt. Dabei trat immer wieder auf, dass man viele Integrale nicht in geschlossener Form angeben kann, deren Stammfunktionen folglich nicht durch bekannte Funktionen darstellbar sind. Gerade in Anwendungen der Integralrechnung ist man daran interessiert, bestimmte Integrale mit solchen Integranden dennoch zu berechnen.
In Beispiel 2.3.2 haben wir bereits eine Methode kennengelernt, die auf der Darstellung der Funktion des Integranden durch eine Taylorreihe basiert. Jetzt könnte man annehmen, dass die Taylorreihenentwicklung des Integranden ein geeigneter Universalansatz zum Berechnen solcher Integrale sein könnte, aber zum einen lassen sich nicht alle Funktionen in Taylorreihen überführen (siehe [SM04]) und zum anderen kann die Konvergenz der Taylorreihe auch sehr „langsam" verlaufen [1].
Aus diesem Grund ist es erforderlich, weitere Methoden zum Berechnen

[1] Mit „langsam" wird hier der zum Erreichen eines vorgegebenen Näherungsgrades notwendige hohe Grad des Taylerpolynoms bezeichnet.

G. Schlüchtermann und N. Mahnke, *Basiswissen Ingenieurmathematik Band 5*,
https://doi.org/10.1007/978-3-658-48684-6_3

dieser Integrale zu entwickeln. Wir geben in diesem Kapitel einen ersten Einblick in die Vielfalt dieser numerischen Methoden, welche die Grundlage für näherungsweise Berechnungen auch in anderen Teilgebieten der Mathematik und Technik bilden.

Wenn man sich die Herleitung des Riemann-Integrals für eine stetige Funktion $f : [a, b] \longrightarrow \mathbb{R}$ in Erinnerung ruft, so basierte diese auf einer Zerlegung $\{x_0, x_1, \ldots, x_n\}$ des Integrationsintervalls, wobei die Fläche unter dem Graphen durch entsprechende Rechtecke angenähert wurde. Bei diesem Vorgehen wurde die gegebene Funktion f in ihren Werten über jedem Teilintervall $[x_i, x_{i+1}[$ durch eine konstante Funktion ersetzt, deren Wert durch $f(x_i)$ bzw. $f(x_{i+1})$ festgelegt worden war, was einer Approximation von f durch eine Treppenfunktion gleich kam.

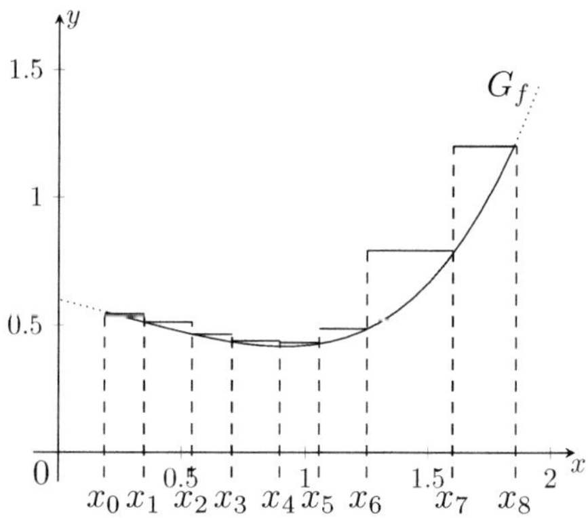

Abbildung 3.1: Beispiel Treppenfunktion über einer Zerlegung

Ein alternativer Ansatz ist es, sich zu den Punkten $(x_i, f(x_i))$, $i = 0, \ldots, n$ eine stetige Funktion $g : [a, b] \longrightarrow \mathbb{R}$ zu konstruieren mit $g(x_k) = f(x_k)$, die sich bestenfalls einfach integrieren lässt.
Solche Überlegungen führen als Lösung für g unweigerlich auf Polygonzüge, also auf Funktionen, die zwischen den Stützstellen x_k und x_{k+1} eine konstante Steigung besitzen, oder noch allgemeiner auf Polynome vom Grad n. Solche Polynome nennt man **Interpolationspolynome**.
Zur Vorbereitung beginnen wir mit einer Einführung in die Interpolation von gegebenen Punkten durch eine Funktion oder anders ausgedrückt, gesucht sei zu gegebenen Punkten (x_i, y_i). $i = 0, \ldots, n$, in einem Koordinatensystem eine stetige Funktion f, mit $f(x_i) = y_i$.

3.1 Interpolation

Bei realen Messungen zu paarweise verschiedenen Zeitpunkten $x_0, \ldots, x_n$ ergibt sich eine endliche Menge von Messwerte $y_1, \ldots, y_n$. Zeiten und Messwerte lassen sich jeweils zu einem Paar zusammenfassen.

$$(x_i, y_i),\; i = 1, \ldots, n$$

Zum Beschreiben des Messwerteverlaufs besteht die Aufgabe nun darin, aus einer vorgegebenen Menge von Funktionen, die sogenannte Menge der **Testfunktionen**, eine Funktion g so auszuwählen, dass gilt

$$g(x_i) = y_i,\; i = 0, \ldots, n$$

Für die Wahl von g ist es unerheblich, ob die Paare (x_i, y_i) einer realen Messung entstammen oder z. B. durch Stützstellen der Zerlegung eines Intervalls zusammen mit den zugehörigen Funktionswerten gegeben sind, $(x_i, f(x_i) = y_i)$.
Wir werden im Folgenden natürlich auf die Stützstellen bei einer gegebene Funktion $f : [a, b] \longrightarrow \mathbb{R}$ zurückgreifen, da es unser Ziel ist, Funktionen ohne Kenntnis einer Stammfunktion zu integrieren.

Definitionen 3.1.1. *(Stützstellen, -werte, -punkte)*
Sind zu einer gegebenen Funktion $f : [a, b] \to \mathbb{R}$, eine Zerlegung $x_0, \ldots, x_n$ des Intervalls $[a, b]$ und die zugehörigen Funktionswerte $f(x_i)$, $i = 0, \ldots, n$, gegeben, dann bezeichnet man

- $x_0, \ldots, x_n$ *als* **Stützstellen**,
- $f(x_0), \ldots, f(x_n)$ *als* **Stützwerte** *und*
- *die Paare* $(x_0, f(x_0)), \ldots, (x_n, f(x_n))$ *als* **Stützpunkte**

der gegebenen Funktion f.

Bemerkung 3.1.1.
Die Stützwerte müssen nicht notwendigerweise von einer Funktion stammen, sondern es können auch beliebige $y_0, \ldots, y_n \in \mathbb{R}$ gegeben sein, woraus die Stützpunkte folgen

$$(x_0, y_0), \ldots, (x_n, y_n)$$

Wie findet man aber bei vorgegebenen paarweise verschiedenen $n+1$ Stützstellen $x_k \in [a,b]$ zu einer Funktion f eine Funktion g aus einer Menge von vorgegebenen Testfunktionen $\mathcal{P}$ mit $f(x_i) = g(x_i)$?

Man beginnt mit der Wahl einer Menge von Testfunktionen. Hier entscheidet man sich gerne für eine gut zu bearbeitende Klasse, weshalb sich der Raum der Polynome $\mathbb{P}_n$ vom Grad kleiner gleich n anbietet und bezeichnet die zugehörigen Verfahren als **Polynominterpolation**.

Definition 3.1.2. *(Interpolationsaufgabe, -polynom)*
Bei der **Interpolationsaufgabe** *bestimme man zu Stützpunkten* (x_k, y_k), $k = 0, \ldots, n$, $x_i \neq x_j$, *für* $i \neq j$, *ein Polynom* $p \in \mathbb{P}_n$, **das Interpolationspolynom**, *so dass*

$$p(x_k) = y_k \tag{3.1}$$

Für die Lösbarkeit der Interpolationsaufgabe (Definition 3.1.2) gilt der folgende Satz.

Satz 3.1.1.
Zu jeder Interpolationsaufgabe nach Definition 3.1.2 existiert immer ein Interpolationspolynom, $p \in \mathbb{P}_n$, *so dass die Gleichung (3.1) eindeutig lösbar ist.*[2]

Aus Satz 3.1.1 sehen wir, dass der Grad des gesuchten Polynoms, $p \in \mathbb{P}_n$, mit höchstens n anzusetzen ist, bei vorgegebenen $n+1$ paarweise verschiedenen Stützstellen x_j. Der Grad des gefundenen Polynoms kann aber auch ungleich n sein, wie das folgende Beispiel zeigt.

Beispiel 3.1.1.
Seien $(x_0, y_0) = (-\frac{\pi}{2}, -1)$, $(x_1, y_1) = (0, 0)$ *und* $(x_2, y_2) = (\frac{\pi}{2}, 1)$. *Dann ist* $n = 2$ *anzusetzen aber* $p_1(x) = \frac{1}{2}x$ *ist das eindeutige Polynom, jedoch vom Grad* 1, *dessen Graph (eine Gerade) alle drei Punkte enthält.*
$p_1(x)$ *bildet die Interpolation der gegebenen drei Stützpunkte der Sinusfunktion.*

Nach dem folgenden Satz kann die Interpolationsaufgabe aber auch durch ein Polynom vom Grad größer als n gelöst werden.

[2] Der Beweis des Satzes 3.1.1 beruht auf Methoden aus der linearen Algebra und wird Teil der Übungen sein.

Satz 3.1.2.
Genau die Polynome $\tilde{p} \in \mathbb{P}_m$ erfüllen für $m > n$ die Interpolationsaufgabe, wenn sie die Form

$$\tilde{p}(x) = p(x) + (x - x_0) \cdot \ldots \cdot (x - x_n) \cdot q(x) \tag{3.2}$$

besitzen, wobei $p \in \mathbb{P}_n$ die Interpolationsaufgabe erfüllt und $q \in \mathbb{P}_{m-n-1}$ beliebig gewählt werden kann.

Beweis.
Es reicht aus, Polynome der Art (3.2) zu betrachten. Durch Nachrechnen folgt dann die Behauptung. □

Wir wollen nun zwei explizite Verfahren zum Lösen der Interpolationsaufgabe nach Definition 3.1.2 vorstellen, nämlich die Methode von Lagrange und die von Newton.

3.1.1 Methode von Lagrange

Lagrange[3] verwendete als Ansatz für das Interpolationspolynom $p \in \mathbb{P}_n$ folgende Darstellung

$$p(x) = q_0(x) \cdot y_0 + q_1(x) \cdot y_1 + \ldots + q_n(x) \cdot y_n, \tag{3.3}$$

wobei er für die Koeffizientenpolynome $q_j \in \mathbb{P}_n,\ j = 0, \ldots n$, forderte

$$q_j(x_i) = \delta_{ij},\ i, j = 0, \ldots, n$$

Nach Satz 3.1.1 sind die Koeffizientenpolynome q_j eindeutig bestimmt und das Polynom q_j muss n Nullstellen besitzen, nämlich die Stützstellen $x_0, \ldots, x_{j-1}, x_{j+1}, \ldots x_n$, weshalb sich n Linearfaktoren $(x - x_k)$, $k \neq j$, ausklammern lassen.

[3] Graf Joseph-Louis de Lagrange (* 25. Januar 1736 in Turin als Giuseppe Lodovico Lagrangia – † 10. April 1813 in Paris) war ein französischer Mathematiker und Astronom italienischer Herkunft. Lagrange war bekannt für seinen kompromisslosen formalen Zugang zur Mechanik. Für ihn waren alle Funktionen Potenzreihen, die er auf die Analyse der Mechanik rigoros anwandte, ohne die Geometrie zu berücksichtigen. Lagrange begann sein Leben in einem wohlhabenden Haushalt. Allerdings verarmte die Familie aufgrund der Spielsucht des Vaters. Sein Studium begann Lagrange in der Rechtswissenschaft in Turin und wechselte, wie er vermerkte, zu den „exakten" Wissenschaften. Von einer Professor der Militärakademie in Turin wechselte er auf eine freigewordene Stelle an die Berliner Akademie unter Friedrich II, nachdem d'Alembert nach Königsberg gegangen war. Sein Werk aus dieser Zeit „Méchanique Analitique" nannte W. R. Hamilton später ein wissenschaftliches Gedicht. Nach zwanzig Jahren ging er nach Paris und arbeitete sowohl unter der Revolutionsregierung als auch unter Napoléon, der ihn als die „erhabene Pyramide der Mathematik" bezeichnete.

Mit Normierung folgt dann die Formulierung der **Lagrange-Polynome**

$$q_j(x) = \prod_{k=0, k \neq j}^{n} \frac{x - x_k}{x_j - x_k} \tag{3.4}$$

Bemerkung 3.1.2. *(alternative Darstellung der Lagrange-Polynome)*
Setzt man

$$\varphi(x) = \prod_{k=0}^{n} (x - x_k) \quad \textit{und} \quad \hat{\varphi}_j(x) = \prod_{k=0, k \neq j}^{n} (x - x_k) \tag{3.5}$$

so folgt die alternative Darstellung der **Lagrange-Polynome**

$$q_j(x) = \begin{cases} \frac{\varphi(x)}{(x - x_j) \cdot \hat{\varphi}_j(x_j)} & \textit{falls } x \neq x_j \\ 1 & \textit{sonst.} \end{cases} \tag{3.6}$$

Wir wollen die alternative Darstellung (3.6) verwenden, um im Falle einer Funktion $f : [a, b] \longrightarrow \mathbb{R}$ mit $f(x_k) = y_k,\ x_k \in [a, b],\ k = 0, \ldots, n$, den Fehler zwischen dem interpolierenden Polynom und der Funktion f für beliebiges $x \in [a, b]$ abzuschätzen.
Dazu geben wir uns zuerst eine beschränkte Funktion vor

$$f : [a, b] \longrightarrow [c, d]$$

Zu den gegebenen paarweise verschiedenen Stützstellen $x_k \in [a, b]$, $k = 0, \ldots, n$, sei nun gemäß Satz 3.1.1 $p \in \mathbb{P}_n$ das für $y_k = f(x_k)$ eindeutig bestimmte Interpolationspolynom. Um die Abweichung von $p(x)$ zur Funktion $f(x)$ zu bestimmen betrachten wir das **Residuum** r (auch „Restglied“ genannt):

$$r(x) = f(x) - p(x) \tag{3.7}$$

Bevor wir zur Untersuchung des Residuums schreiten, legen wir zuerst noch Bezeichnungen für Mengen von Funktionen mit besonderen Eigenschaften fest, welche auf einem Intervall $I \subseteq \mathbb{R}$ definiert sind.

Definition 3.1.3. *(Mengen stetig differenzierbarer Funktionen)*
Seien $I \subseteq \mathbb{R}$ ein Intervall und ($k \in \mathbb{N}$). Dann bezeichnet

$C(I)$ *:die Menge der auf I stetigen Funktionen*

$C^k(I)$ *:die Menge der auf I k-mal stetig differenzierbaren Funktionen*

$C^\infty(I)$ *:die Menge der auf I beliebig oft stetig differenzierbaren Funktionen*

Beschränken wir für die Untersuchung des Residuums als nächstes die Menge der zu interpolierenden Funktionen f und wählen

$$f \in C^{n+1}([a,b]),$$

also eine auf $[a,b]$ stetige Funktion, die auf $]a,b[$ $(n+1)$-mal stetig differenzierbar ist.[4]
Wir definieren nun eine weitere Hilfsfunktion $\psi(t)$ mit $t \in [a,b]$ und festem $x \neq x_k$, $x \in [a,b]$

$$\psi(t) := f(t) - p(t) - \frac{f(x)-p(x)}{\varphi(x)}\varphi(t) \tag{3.8}$$

Es gilt dann $\psi \in C^{n+1}([a,b])$ und für alle $0 \leq k \leq n$, wenn man in (3.8) $t = x_k$ bzw. $t = x$ setzt:

$$\begin{aligned} \psi(x_k) &= f(x_k) - p(x_k) - \frac{f(x)-p(x)}{\varphi(x)}\varphi(x_k) = 0 \qquad (3.9)\\ \psi(x) &= f(x) - p(x) - \frac{f(x)-p(x)}{\varphi(x)}\varphi(x) = 0 \end{aligned}$$

Damit besitzt ψ im Intervall $[\min_{0\leq k\leq n}(x_k,x), \max_{0\leq k\leq n}(x_k,x)]$ mindestens die $(n+2)$ verschiedenen Nullstellen $x_0,\ldots,x_n,x$.
Nach dem Satz von Rolle (siehe [SM04]) besitzt die $(n+1)$-te Ableitung $\psi^{(n+1)}$ eine Nullstelle

$$\xi \in \left]\min_{0\leq k\leq n}(x_k,x), \max_{0\leq k\leq n}(x_k,x)\right[$$

und es gilt

$$\psi^{(n+1)}(t) = f^{(n+1)}(t) - \frac{f(x)-p(x)}{\varphi(x)}(n+1)! \tag{3.10}$$

Dabei beachte man, dass für (3.10) $p \in \mathbb{P}_n$ und $\varphi \in \mathbb{P}_{n+1}$ gilt. Aus $\psi^{(n+1)}(\xi) = 0$ folgt dann

$$f^{(n+1)}(\xi) = \frac{f(x)-p(x)}{\varphi(x)}(n+1)! \tag{3.11}$$

[4]Es genügt im Übrigen, dass f nur n mal stetig differenzierbar ist und die n-te Ableitung nur noch einmal differenzierbar sein muss. Aber diese kleine Verallgemeinerung würde die Herleitung der zentralen Aussage erschweren.

Nun hängt $f^{(n+1)}(\xi)$ stetig von $x \neq x_k$ ab und kann nach Anwenden der Regel von L'Hospital durch die Festlegung

$$f^{(n+1)}(\xi) = \frac{f'(x_k) - p'(x_k)}{\varphi'(x_k)}(n+1)!$$

stetig ergänzt werden, da $\varphi'(x_k) \neq 0$. Damit folgt aus (3.11) der Term des Residuums $r(x) = f(x) - p(x)$

$$r(x) = \frac{f^{(n+1)}(\xi)}{(n+1)!}\varphi(x) \tag{3.12}$$

und somit

$$f(x) = p(x) + \frac{f^{(n+1)}(\xi)}{(n+1)!}\varphi(x), \ \xi \in \left] \min_{0\leq k\leq n}(x_k, x), \max_{0\leq k\leq n}(x_k, x) \right[$$

Da $f \in C^{n+1}([a,b])$, nimmt $f^{(n+1)}$ auf $[a,b]$ ihr Maximum und Minimum an und es gibt ein $M_{n+1} \in \mathbb{R}^+$ mit

$$|f^{(n+1)}(x)| \leq M_{n+1} \text{ für alle } x \in [a,b]. \tag{3.13}$$

Wir erhalten aus (3.13), zusammen mit (3.11) und (3.7), die gesuchte **Fehlerabschätzung**

$$|r(x)| \leq \frac{M_{n+1}}{(n+1)!}|(x - x_0) \cdot \ldots \cdot (x - x_n)| \tag{3.14}$$

Die Abschätzung (3.14) gibt uns die Möglichkeit, den Wert des Residuums und damit den Wert des maximalen Fehlers zu ermitteln, den wir bei der Polynominterpolation nach Lagrange eingehen.

Beispiel 3.1.2.
Wir wählen die Funktion

$$f(x) = \frac{2}{1+x^2} \text{ für } x \in [-1,1]$$

und bestimmen zu f zwei Interpolationspolynome und deren Fehlerabschätzungen. Zuerst interpolieren wir die Funktion durch ein Polynom $p_2 \in \mathbb{P}_2$ an den Stützstellen $x_0 = -1$, $x_1 = 0$ und $x_2 = 1$.

Dafür berechnen wir die entsprechenden Funktionswerte $y_0 = f(x_0) = 1$, $y_1 = f(x_1) = 2$ *und* $y_2 = f(x_2) = 1$. *Die zugehörigen Lagrange-Polynome lauten dann:*

$$q_0(x) = \prod_{k=1}^{2} \frac{x - x_k}{x_0 - x_k} = \frac{(x)(x-1)}{(-1)(-1-1)} = \frac{1}{2}(x^2 - x)$$

$$q_1(x) = \prod_{k=0,k\neq 1}^{2} \frac{x - x_k}{x_1 - x_k} = \frac{(x+1)(x-1)}{(0-(-1))(0-1)} = -(x^2 - 1)$$

$$q_2(x) = \prod_{k=0}^{1} \frac{x - x_k}{x_2 - x_k} = \frac{(x+1)(x)}{(1-(-1))}1 - 0 = \frac{1}{2}(x^2 + x)$$

Also erhalten wir für das Interpolationspolynom

$$\begin{aligned} p_2(x) &= \frac{1}{2}(x^2 - x)y_0 - (x^2 - 1)y_1 + \frac{1}{2}(x^2 + x)y_2 \\ &= \left(\frac{1}{2} - 2 + \frac{1}{2}\right)x^2 + \left(-\frac{1}{2} + \frac{1}{2}\right)x + 2 = 2 - x^2 \end{aligned}$$

Da f *beliebig oft differenzierbar ist, können wir die Fehlerabschätzung (3.13) verwenden. Dazu leiten wir* f *dreimal ab:*

$$\begin{aligned} f'(x) &= \frac{-4x}{(1+x^2)^2} \\ f''(x) &= \frac{-4(1+x^2)^2 + 16x^2(1+x^2)}{(1+x^2)^4} = \frac{12x^2 - 4}{(1+x^2)^3} \\ f'''(x) &= \frac{24x(1+x^2)^3 - (12x^2 - 4)6x(1+x^2)^2}{(1+x^2)^6} = \frac{48x + 12x^3}{(1+x^2)^4} \end{aligned}$$

Z. B. mit $f^{(4)}$ *kann man auf das globale Extremum von* f''' *auf* $[-1, 1]$ *schließen und erhält die gesuchte Fehlerabschätzung*

$$|f'''(x)| \leq 60$$

$$|r(x)| \leq \frac{60}{6}(x+1)(x-1)x = 10(x^3 - x)$$

Jetzt fügen wir als weiteren Punkt $x_3 = \frac{1}{2}$ *ein und suchen das Interpolationspolynom in* $\mathbb{P}_3$. *Dann erhalten wir den zusätzlichen Stützwert* $y_3 = f(x_3) = \frac{8}{5}$.

Erneut bestimmen wir die Lagrange-Polynome

$$q_0(x) = \prod_{k=1}^{3} \frac{x - x_k}{x_0 - x_k} = \frac{(x)(x-1)(x-\frac{1}{2})}{(-1)(-1-1)(-1-\frac{1}{2})}$$
$$= -\frac{1}{3}\left(x^3 - \frac{3}{2}x^2 + \frac{1}{2}x\right)$$
$$q_1(x) = \prod_{k=0,k\neq 1}^{3} \frac{x - x_k}{x_1 - x_k} = \frac{(x+1)(x-1)(x-\frac{1}{2})}{(0-(-1))(0-1)(0-\frac{1}{2})}$$
$$= 2\left(x^3 - \frac{1}{2}x^2 - x + \frac{1}{2}\right)$$
$$q_2(x) = \prod_{k=0,k\neq 2}^{3} \frac{x - x_k}{x_2 - x_k} = \frac{(x+1)(x)(x-\frac{1}{2})}{(1-(-1))(1-0)(1-\frac{1}{2})}$$
$$= \left(x^3 + \frac{1}{2}x^2 - \frac{1}{2}x\right)$$
$$q_3(x) = \prod_{k=0}^{2} \frac{x - x_k}{x_3 - x_k} = \frac{(x+1)(x)(x-1)}{(\frac{1}{2}-(-1))(\frac{1}{2}-0)(\frac{1}{2}-1)} = -\frac{8}{3}(x^3 - x)$$

und erhalten dann ein Interpolationspolynom 3. *Grades*

$$\begin{aligned} p_3(x) &= -\frac{1}{3}\left(x^3 - \frac{3}{2}x^2 + \frac{1}{2}x\right)y_0 + 2\left(x^3 - \frac{1}{2}x^2 - x + \frac{1}{2}\right)y_1 \\ &\quad + \left(x^3 + \frac{1}{2}x^2 - \frac{1}{2}x\right)y_2 - \frac{8}{3}(x^3 - x)y_3 \\ &= \left(-\frac{1}{3} + 4 + 1 - \frac{64}{15}\right)x^3 + \left(\frac{1}{2} - 2 + \frac{1}{2}\right)x^2 \\ &\quad + \left(-\frac{1}{6} - 4 - \frac{1}{2} + \frac{64}{15}\right)x + 2 \\ &= \frac{2}{5}x^3 - x^2 - \frac{2}{5}x + 2 \end{aligned}$$

Die Abschätzung des Residuums liefert

$$|r(x)| \leq \frac{600}{24}(x+1)x(x-1)\left(x - \frac{1}{2}\right) = 25\left(x^4 - \frac{2}{2}x^2 + \frac{1}{2}x\right)$$

3.1.2 Methode von Newton

Betrachtet man die Methode von Lagrange noch einmal kritisch, so muss man, wenn man die Anzahl der Stützstellen vergrößern will, also zusätzliche x_i, $i \geq n+1$, hinzufügt, alle Koeffizientenpolynome q_j für $j \geq 0$ neu berechnen. Für numerische Verfahren ist dies nicht praktikabel. Als alternative Methode bietet sich, die Polynominterpolation nach Newton an.

Als Ansatz für ein Interpolationspolynom n-ten Grades zu den Stützstellen $x_0, x_1, \ldots, x_n$ wählte Newton

$$\begin{aligned} p(x) &= \gamma_0 + \gamma_1 \cdot (x - x_0) \\ &\quad + \gamma_2 \cdot (x - x_0) \cdot (x - x_1) + \ldots \\ &\quad + \gamma_n \cdot (x - x_0) \cdot (x - x_1) \cdot \ldots \cdot (x - x_{n-1}) \end{aligned} \tag{3.15}$$

Die noch unbestimmten Koeffizienten γ_j, $j = 0, \ldots, n$ kann man sukzessive durch Einsetzen der Stützpunkte (x_j, y_j), $j = 0, \ldots, n$, bestimmen:

$$\begin{aligned} p(x_0) = y_0 : &\quad \Rightarrow \gamma_0 = y_0 \\ p(x_1) = y_1 : &\quad \Rightarrow \gamma_1 = \frac{y_1 - y_0}{x_1 - x_0}, \text{ usw.} \end{aligned} \tag{3.16}$$

Bemerkungen 3.1.3.

- *Das Verfahren der Newton-Methode hat gegenüber der Lagrange-Methode den Vorteil, dass man beim Hinzunehmen von weiteren Stützstellen zu den n vorhandenen, also z. B.*

  $$x_0, x_1, \ldots, x_n, x_{n+1}, \ldots, x_m,$$

  die bereits berechneten Koeffizienten $\gamma_0, \ldots, \gamma_n$ nicht verändern muss und nur noch die neuen Koeffizienten $\gamma_{n+1}, \ldots, \gamma_m$ $(m > n)$ zu bestimmen sind.

- *Bei der Newton-Methode wird an die Lage der neuen Stützstellen wieder nur die Bedingung gestellt, dass weiterhin alle Stützstellen paarweise verschieden sind.*

- *Um eine bessere Näherung des Polynoms an die zu interpolierende Funktion zu erreichen, lässt sich somit einfach die Schrittweite, der Abstand zwischen benachbarten Stützstellen, verringern.*

Wenn man die Form des Terms von γ_1 (3.16) betrachtet, so stellt diese eine Art Differenzenquotient dar und man bezeichnet γ_1 auch als „Steigung erster Ordnung“. Allgemein definieren die γ_k, $k = 1, \dots, n$, dann Steigungen k-ter Ordnung

Definition 3.1.4. *(Steigungen k-ter Ordnung)*
Verwendet man zur Lösung einer Interpolationsaufgabe nach Definition 3.1.2 den Ansatz von Newton (3.15), so bezeichnet man die Koeffizienten γ_k, $k = 1, \dots, n$, wie folgt:

1. *Die* **Steigung erster Ordnung**

$$\gamma_1 = [x_1 x_0] = \frac{y_1 - y_0}{x_1 - x_0} \tag{3.17}$$

2. *Die* **Steigung k-ter Ordnung**,$(1 \leq k \leq n)$ *wird rekursiv eingeführt*

$$\gamma_k = [x_k x_{k-1} \dots x_0] = \frac{[x_k x_{k-1} \dots x_1] - [x_{k-1} x_{k-2} \dots x_0]}{x_k - x_0} \tag{3.18}$$

Bemerkungen 3.1.4.

- *Die Steigungen k-ter Ordnung, $[x_k x_{k-1} \dots x_0]$ scheinen von der Reihenfolge der Stützstellen abzuhängen.*
- *Die Steigungen k-ter Ordnung werden aufgrund Ihrer Termstruktur auch* **„dividierende Differenzen“** *genannt.*

Diese Steigungen k-ter Ordnung lassen sich noch verallgemeinert formulieren, was für die Darstellung von f nützlich sein wird.

Definition 3.1.5. *(verallgemeinerte Steigungen k-ter Ordnung)*
Seien $f : [a, b] \longrightarrow \mathbb{R}$ eine Funktion und $x_0, \dots, x_n \in [a, b]$ Stützstellen mit den Stützwerten $y_j = f(x_j)$. Die **verallgemeinerten Steigungen k-ter Ordung** *lassen sich bei variabler Startstelle $x \in [a, b]$, $x \neq x_k$, $k = 0, \dots, n$, durch die Funktion f darstellen:*

$$\begin{aligned}
[x_0 x] &= \frac{f(x_0) - f(x)}{x_0 - x} \\
[x_1 x_0 x] &= \frac{[x_1 x_0] - [x_0 x]}{x_1 - x} \\
&\vdots \\
[x_n x_{n-1} \dots x_0 x] &= \frac{[x_n x_{n-1} \dots x_0] - [x_{n-1} \dots x]}{x_n - x}
\end{aligned}$$

Mit Definition 3.1.5 erhalten wir die **Newton-Identität** für die Funktion f

$$\begin{aligned} f(x) =& f(x_0) + [x_1x_0](x-x_0) + [x_2x_1x_0](x-x_0)\cdot(x-x_1) + \dots \\ &+ [x_n\dots x_0](x-x_0)\cdot(x-x_1)\cdot\ldots\cdot(x-x_{n-1}) \\ &+ [x_n\dots x](x-x_0)\cdot\ldots\cdot(x-x_n) \end{aligned} \tag{3.19}$$

Gleichung (3.19), die Newton-Identität, ist erst einmal nur eine Darstellung von f mittels der Steigungen k-ter Ordnung und stellt keine weiteren Bedingungen an f.
Andererseits wird f in (3.19) als Summe eines Polynoms $\tilde{p} \in \mathbb{P}_n$ und eines Restgliedes r ausgedrückt, d. h.

$$f(x) = \tilde{p}(x) + r(x), \quad \text{mit } r(x) = [x_n\dots x](x-x_0)\dots(x-x_n)$$

Da nun aber an den Stützstellen $x_0, \dots, x_n$ das Restglied verschwinden muss, gilt

$$\forall\, j = 0, \dots, n:\; r(x_j) = 0 \;\Rightarrow\; f(x_j) = \tilde{p}(x_j)$$

und $\tilde{p}$ ist das eindeutig bestimmte interpolierende Polynom in $\mathbb{P}_n$.

Vergleicht man die Newton-Identität (3.19) mit (3.15), findet man neben den aus Definition 3.1.4 bekannten Zusammenhängen noch

$$\begin{aligned} \gamma_0 &= f(x_0) \\ r(x) &= [x_nx_{n-1}\dots x_0x]\varphi(x) \end{aligned}$$

mit $\varphi(x)$ siehe (3.5).
Ist zudem noch $f \in C^{n+1}([a,b])$ ergibt sich mit (3.12) die folgende Identität:

$$[x_nx_{n-1}\dots x_0x] = \frac{1}{(n+1)!} f^{(n+1)}(\xi) \tag{3.20}$$

Die Identität (3.20) lässt sich zu einer Verallgemeinerung des Mittelwertsatzes der Differenzialrechnung ([SM04]) verfeinern.

Satz 3.1.3. *(verallgemeinerter Mittelwertsatz)*
Sei $f \in C^{m-1}([a,b])$ und es existiere die m-te Ableitung $f^{(m)}(x)$ für alle $x \in]a,b[$. Dann gibt es für paarweise verschiedene $x_0, x_1, \dots, x_m \in [a,b]$ einen Wert $\xi \in]\min_{0\le k\le m}(x_k), \max_{0\le k\le m}(x_k)[$, so dass

$$[x_mx_{m-1}\dots x_0] = \frac{1}{m!} f^{(m)}(\xi)$$

In der letzten Proposition für diesen Unterabschnitt werden wir noch zeigen, dass im Gegensatz zu Bemerkung 3.1.4 die m-te Steigung tatsächlich unabhängig von der Reihenfolge ihrer Argumente ist.

Proposition 3.1.1.
Der Wert der m-ten Steigung, $[x_m x_{m-1} \dots x_0]$, ist von der Reihenfolge der Argumente unabhängig.

Beweis.
Wir zeigen mittels Induktion nach $m \in \mathbb{N}$, dass sich mit der Darstellung $\varphi_{m+1}(x) = (x - x_0) \cdot \ldots \cdot (x - x_m)$ für $m \in \mathbb{N}$ die Identität

$$\gamma_m = [x_m x_{m-1} \dots x_0] = \sum_{k=0}^{m} \frac{y_k}{\varphi'_{m+1}(x_k)} \tag{3.21}$$

ergibt, da dann aus der Kommutativität der Summe sofort die Aussage folgt.

1. IA:$m = 1$: Aus der Darstellung von $\varphi'(x)$ folgt:
$$[x_1 x_0] = \frac{y_1 - y_0}{x_1 - x_0} = \frac{y_0}{x_0 - x_1} + \frac{y_1}{x_1 - x_0}$$
2. IV: (3.21) sei richtig für ein $m \in \mathbb{N}$.
3. IS: $m \to m + 1$:

$$\begin{aligned}
\gamma_{m+1} &= \frac{[x_{m+1} x_m \dots x_1] - [x_m x_{m-1} \dots x_0]}{x_{m+1} - x_0} \\
&= \sum_{k=1}^{m} \left(\frac{y_k}{\prod_{j=1,j\neq k}^{m+1}(x_k - x_j)} - \frac{y_k}{\prod_{j=0,j\neq k}^{m}(x_k - x_j)} \right) \frac{1}{x_{m+1} - x_0} \\
&\quad + \left(\frac{y_{m+1}}{\prod_{j=1}^{m}(x_{m+1} - x_j)} - \frac{y_0}{\prod_{j=1}^{m}(x_0 - x_j)} \right) \frac{1}{x_{m+1} - x_0} \\
&= \sum_{k=1}^{m} \frac{y_k(x_k - x_0) - y_k(x_k - x_{m+1}}{\prod_{j=1,j\neq k}^{m+1}(x_k - x_j)(x_{m+1} - x_0)} + \frac{y_{m+1}}{\prod_{j=1}^{m}(x_{m+1} - x_j)} \\
&\quad + \frac{y_0}{\prod_{j=1}^{m+1}(x_0 - x_j)} \\
&= \sum_{k=0}^{m+1} \frac{y_k}{\varphi'_{m+2}(x_k)}
\end{aligned}$$

□

Beispiel 3.1.3.
Wir wählen, wie in Beispiel 3.1.2, wieder die Funktion

$$f(x) = \frac{2}{1+x^2} \quad \textit{für} \quad x \in [-1,1]$$

und bestimmen zu f zwei Interpolationspolynome und deren Fehlerabschätzungen, dieses Mal mit Hilfe des Newton-Verfahrens. Dazu müssen wir die einzelnen Steigungen errechnen und übernehmen die Werte von x_j und y_j, $j = 0, \ldots, 3$, aus Beispiel 3.1.2.

$$\begin{aligned}
\gamma_1 = [x_1 x_0] &= \frac{y_1 - y_0}{x_1 - x_0} = \frac{1}{1} = 1 \\
[x_2 x_1] &= \frac{y_2 - y_1}{x_2 - x_1} = -1 \\
[x_3 x_2] &= \frac{y_3 - y_2}{x_3 - x_2} = -\frac{6}{5} \\
\gamma_2 = [x_2 x_1 x_0] &= \frac{[x_2 x_1] - [x_1 x_0]}{x_2 - x_0} = \frac{-1-1}{2} = -1 \\
[x_3 x_2 x_1] &= \frac{[x_3 x_2] - [x_2 x_1]}{x_3 - x_1} = -\frac{2}{5} \\
\gamma_3 = [x_3 x_2 x_1 x_0] &= \frac{[x_3 x_2 x_1] - [x_2 x_1 x_0]}{x_3 - x_0} = \frac{-\frac{2}{5} + 1}{\frac{3}{2}} = \frac{2}{5}
\end{aligned}$$

So erhalten wir für das Polynom in $\mathbb{P}_2$ für die Stützstellen x_0, x_1 und x_2

$$\begin{aligned}
p_2(x) &= y_0 + \gamma_1(x - x_0) + \gamma_2(x - x_0)(x - x_1) \\
&= 1 + 1(x+1) - (x+1)(x-0) \\
&= 2 - x^2
\end{aligned}$$

und für das Polynom in $\mathbb{P}_3$ für die Stützstellen x_0, x_1, x_2 und x_3

$$\begin{aligned}
p_3(x) &= p_2(x) + \gamma_3(x - x_0)(x - x_1)(x - x_2) \\
&= \frac{2}{5}x^3 - x^2 - \frac{2}{5}x + 2
\end{aligned}$$

ein Vergleich mit Beispiel 3.1.2 zeigt, dass die Berechnung mittels der Newton-Methode beim Hinzufügen einer neuen Stützstelle wesentlich einfacher war, da wir das bereits bestimmte Polynom p_2 wieder verwenden konnten.

Äquidistante Stützstellen

Die Methode nach Newton lässt sich mit Hilfe einer Stützstellenauswahl mit gleichen Abständen noch verfeinern und führt auf den Zusammenhang zwischen Interpolationspolynom und Taylorpolynom.
Dazu sei $h > 0$ eine feste **Schrittweite**. Wir wählen Stützstellen $x_k = x_0 + k \cdot h$, $k = 0, \ldots, n$, mit $x_0, x_n \in [a, b]$, wobei $[a, b]$ fest vorgegebenen ist.
Für das weitere Vorgehen führen wir noch Differenzen der zugehörigen Stützwerte ein:

Definition 3.1.6. *(m-te vorwärts genommene Differenz)*
Sei $f : [a, b] \to \mathbb{R}$ und $x_k = x_0 + kh,\ k = 0, \ldots, n$, mit $x_0, x_n \in [a, b]$ Stützstellen. Dann sind die **vorwärts genommenen Differenzen** *der Stützwerte wie folgt definiert:*

$$\begin{aligned} \Delta^0 y_k &= y_k = f(x_k),\ k = 0, \ldots, n \\ \Delta^m y_k &= \Delta^{m-1} y_{k+1} - \Delta^{m-1} y_k,\ m \geq 1,\ k = 0, \ldots, n-1 \end{aligned} \tag{3.22}$$

Die Steigungen k-ter Ordnung aus Definition 3.1.4 lassen sich nun durch die Differenzen (3.22) wie folgt formulieren

$$\begin{aligned} [x_1 x_0] &= \frac{y_1 - y_0}{x_1 - x_0} = \frac{\Delta^1 y_0}{h} = \frac{\Delta y_0}{h} \\ [x_2 x_1 x_0] &= \frac{\frac{\Delta y_1}{h} - \frac{\Delta y_0}{h}}{2h} = \frac{1}{2} \frac{\Delta^2 y_0}{h^2} \\ &\vdots \\ [x_n x_{n-1} \ldots x_0] &= \ldots = \frac{1}{n!} \frac{\Delta^n y_0}{h^n} \end{aligned}$$

Mit dem verallgemeinerten Mittelwertsatz 3.1.3 folgt dann für $f \in C^m([x_0, x_m])$ und geeignetes $\xi \in]x_0, x_m[$

$$\frac{\Delta^m f(x_0)}{h^m} = f^{(m)}(\xi) \tag{3.23}$$

und das eindeutige Interpolationspolynom erhält die Gestalt

$$p(x) = y_0 + \frac{\Delta y_0}{h}(x - x_0) + \ldots + \frac{\Delta^n y_0}{n! h^n}(x - x_0) \cdot \ldots \cdot (x - x_{n-1}) \tag{3.24}$$

Der Vorteil der Darstellung (3.24) ergibt sich, wenn man das entstandene Restglied für den Fall betrachtet, dass die Stützwerte Werte einer n-mal differenzierbaren Funktion sind.

Das Restglied $r(x) = f(x) - p(x)$ in der Newtonschen Identität und damit der **Fehlerterm** ergeben sich für $f \in C^{n+1}([a,b])$ zu

$$r(x) = \frac{f^{(n+1)}(\xi)}{(n+1)!}(x - x_0)\dots(x - x_n) \tag{3.25}$$

mit

$$\xi \in]\min(x, x_0), \max(x, x_n)[$$

An (3.25) erkennt man sofort die Analogie zur Taylorformel bzw. zum Restglied der Taylorentwicklung.
Nun gilt für $m \leq n + 1$

$$\lim_{h \to 0} \frac{\Delta^m y_0}{h^m} = f^{(m)}(x_0) \tag{3.26}$$

und so kann man im Grenzfall, wenn alle Stützstellen identisch x_0 sind ($h \to 0$), das Interpolationspolynom (3.24) als Taylorpolynom n-ten Grades auffassen.

Bemerkung 3.1.5.
Der Zusammenhang (3.26) und die Analogie des Restgliedes (3.25) begründen, dass das Taylorpolynom von f in der Nähe von x_0 eine gute Näherung des Funktionswertes von $f(x)$ darstellt.
Der Vorteil des Interpolationspolynoms ist seine Übereinstimmung an verschiedenen Stützstellen über dem betrachteten Intervall, so dass im Allgemeinen das Interpolationspolynom über einen größeren Bereich brauchbare Näherungswerte liefert als das Taylorpolynom.

Definition 3.1.7. *(Differenzschema)*
Die Berechnung der Koeffizienten des Interpolationspolynoms (3.24) kann man systematisch über ein **Differenzenschema** *abbilden:*

$$\begin{array}{ccccc}
x_0 & y_0 & & & \\
 & & \Delta y_0 & & \\
x_1 & y_1 & & \Delta^2 y_0 & \\
 & & \Delta y_1 & & \ddots \\
x_2 & y_2 & & \Delta^2 y_1 & \\
 & & \Delta y_2 & & \ddots \\
x_3 & y_3 & & \Delta^2 y_3 & \\
\vdots & \vdots & \vdots & \vdots & \ddots
\end{array} \tag{3.27}$$

Bemerkungen 3.1.6.

- *Die Differenz $\Delta^m y_k$ berechnet sich in (3.27) aus den beiden nächsten von ihr links stehenden Differenzen/Einträgen.*
- *Das Schema (3.27) ist nach unten offen und kann durch zusätzliche Stützstellen entsprechend nur nach unten erweitert werden.*
- *Diese Flexibilität des Schemas (3.27) äußert sich auch in der Darstellung des Interpolationspolynoms (3.24), da durch Hinzunahme weiterer Stützwerte einfach das Polynom höheren Grades durch die Addition höherer Terme erweitert wird.*

Will man für die Interpolation nicht links – also bei x_0, sondern rechts starten, bei x_n, so ergeben sich entsprechend andere Schemata, von denen wir hier nur einige namentlich erwähnen möchten:

- Interpolationsformel Gregory-Newton I: Interpolation von der am weitesten links liegenden Stützstelle
- Interpolationsformel Gregory-Newton II: Interpolation von der am weitesten rechts liegenden.
- Stirlingsche Interpolationsformel: Dies ist eine von einer im Inneren liegenden Stützstelle und symmetrisch angeordneten weiteren Stützstellen.

Zum Abschluss betrachten wir noch zwei Interpolationsmethoden, die immer dann Anwendung finden, wenn man nicht an dem gesamten Interpolationspolynom interessiert ist.

3.1.3 Spezielle Interpolationsmethoden

In diesem Abschnitt betrachten wir noch zwei weitere Interpolationsmethoden, die besonderen Anforderungen gerecht werden, der Interpolation nach Aitken-Neville und der Hermiteschen Interpolation.

Interpolation nach Aitken-Neville

Möchte man zu gegebenen Stützpunkten $(x_0, y_0), \ldots, (x_n, y_n)$ das Interpolationspolynom nur an bestimmten Stellen auswerten, kann man durchaus die Berechnung aller Koeffizienten des Interpolationspolynoms vermeiden. Eine mögliche Methode hierfür ist die Interpolation an einer festen Stelle nach Aitken-Neville.

Definition 3.1.8. *(Interpolation nach Aitken-Neville[5][6])*
Es seien $p_1, p_2 \in \mathbb{P}_n$, so dass $p_1(x_i) = p_2(x_i)$, $i = k+1, \ldots, k+n$ und $p_1(x_k) = y_k$, $p_2(x_{k+n+1}) = y_{k+n+1}$. Dann hat ein $q \in \mathbb{P}_{n+1}$ definiert gemäß

$$q(x) = \frac{1}{x_{k+n+1} - x_k} \begin{vmatrix} p_1(x) & x_k - x \\ p_2(x) & x_{k+n+1} \end{vmatrix} \tag{3.28}$$

die Eigenschaft $q(x_i) = y_i$, $i = k, \ldots, k+n+1$.

Wie man sieht, kann man aus zwei Interpolationspolynomen mit n gemeinsamen Stützstellen $x_{k+1}, \ldots, x_{k+n}$ und zwei verschiedenen x_k und x_{k+n+1} in relativ einfacher Weise das Interpolationspolynom mit den $(n+2)$ Stützstellen $x_k, \ldots, x_{k+n+1}$ und den zugehörigen Stützwerten $y_k, \ldots, y_{k+n+1}$ bilden.

[5] Alexander Craig Aitken (*1 April 1895 in Dunedin – † 3. November 1967 Edinburg) war einer der besten neuseeländischen Mathematiker. Er begann sein Studium in Dunedin, Neuseeland, musste es 1914 wegen des ersten Weltkriegs unterbrechen, der für ihn 1917 nach einer schweren Verwundung beendet war. Die Erlebnisse haben ihn sein Leben lang depressiv gestimmt. Er studierte fortan in Edinburg und wurde auch dort bis zur Emeritierung Professor. Er forschte auf dem Gebiet der Statistik. Nebenher war er ein ausgezeichneter Musiker.

[6] Eric Harold Neville (*1. Januar 1889 in London – † 22. August 1961 in Reading) war ein britischer Mathematiker. Ab 1907 studierte er am Trinity College in Cambridge, wo er 1909 ein Fellowship erhielt. Er traf dort G. Hardy und B. Russell, der später sein Vertrauter wurde. 1914 ging er als Gastprofessor nach Indien und überzeugte Ramanujan die Einladung von Hardy nach Cambridge anzunehmen. Als überzeugter Pazifist verweigerte er den Dienst im ersten Weltkrieg, wodurch er sein Fellowship verlor. Er ging nach Reading, um dort die Mathematikfakultät aufzubauen. Er befasste sich zuerst mit Differenzialgeometrie und später, unter Einfluss von B. Russell, mit der Logik.

Bemerkung 3.1.7.
Mit

$$p(x_k, \ldots, x_{k+n}; \xi) := p_1(\xi)$$
$$p(x_{k+1}, \ldots, x_{k+n+1}; \xi) := p_2(\xi)$$

ergibt sich dann

$$p(x_k, \ldots, x_{k+n+1}; \xi) := q(\xi)$$

Beispiel 3.1.4.
Wir betrachten folgende Funktion

$$f : [-1, 1] \longrightarrow \mathbb{R} \quad mit \quad f(x) = x^2$$

und wählen als Stützstellen

$$x_0 = -1, \; x_1 = 0, \; x_2 = 1$$

Die entsprechenden y-Werte lauten: $y_0 = 1, \; y_1 = 0, \; y_2 = 1$.
Dann bezeichnet $p_1 \in \mathbb{P}_1$ das eindeutige Interpolationspolynom zu den Stützstellen x_0 und x_1 sowie $p_2 \in \mathbb{P}_1$ das zu x_1 und x_2.
Damit ist x_1 die gemeinsame Stützstelle. Wir suchen nun $q \in \mathbb{P}_2$, das alle Stützstellen interpoliert.
Da $q \in \mathbb{P}_2$ und $p_1, p_2 \in \mathbb{P}_1$, muss es eindeutig bestimme Polynome $\ell_i \in \mathbb{P}_1$ $(i = 1, 2)$ geben mit

$$q(x) = p_1(x) \cdot \ell_1(x) + p_2(x) \cdot \ell_2(x), \; x \in [-1, 1].$$

Allgemein gibt q die Stützwerte an den Stützstellen wieder und es gilt

$$q(x_0) = y_0; \; p_1(x_0) = y_0 \;\Rightarrow\; y_0 = y_0 \ell_1(x_0) + p_2(x_0) \ell_2(x_0)$$

woraus für die Polynome $\ell_i \in \mathbb{P}_1$ $(i = 1, 2)$ folgt

$$\ell_1(x_0) = 1 \quad und \quad \ell_2(x_0) = 0$$

Weiterhin haben wir an der zweiten Stützstelle x_1 den Zusammenhang

$$q(x_1) = y_1, \; p_1(x_1) = p_2(x_1) = y_1 \;\Rightarrow\; y_1 = y_1(\ell_1(x_1) + \ell_2(x_1))$$

Also setzen wir dieses Mal $\ell_1(x_1) + \ell_2(x_1) = 1$.

Schließlich ergibt sich an der dritten Stützstelle x_2

$$q(x_2) = y_2,\ p_2(x_2) = y_2 \ \Rightarrow \ y_2 = p_1(x_2)\cdot \ell_2(x_2) + y_2 \cdot \ell_2(x_2)$$

und daraus $\ell_1(x_2) = 0$ *und* $\ell_2(x_2) = 1$.

Als Struktur der Terme zu den $\ell_i \in \mathbb{P}_1$ $(i = 1,2)$ *setzen wir an*

$$\ell_1(x) = C_1(x - \alpha_1)\,,\ \ell_2(x) = C_2(x - \alpha_2)\ \ (C_1, C_2, \alpha_1, \alpha_2 \in \mathbb{R})$$

Aus der Beziehung $\ell_1(x_0) = 1$ *folgt* $C_1 = \frac{1}{x_0-\alpha_1}$ *und aus* $\ell_2(x_2) = 1$ *folgt analog* $C_2 = \frac{1}{x_2-\alpha_2}$.
Aus den Stützwerten $\ell_1(x_2) = \ell_2(x_0) = 0$ *ergeben sich die* α_i *zu* $\alpha_1 = x_2$ *und* $\alpha_2 = x_0$, *womit sich* $q(x)$ *angeben lässt.*

$$q(x) = p_1(x)\ell_1(x) + p_2(x)\ell_2(x)$$
$$\Rightarrow\ q(x) = \frac{1}{x_2 - x_0}\cdot \det\begin{pmatrix} p_1(x) & x_0 - x \\ p_2(x) & x_2 - x \end{pmatrix} \tag{3.29}$$

Will man nun q *an einer bestimmten Stelle* $\xi \in [-1,1]$ *bestimmen, muss man nur die Werte der Polynome* p_1, p_1 *(hier lineare Funktionen) an eben dieser Stelle kennen:*

$$q(\xi) = \frac{1}{x_2 - x_0}\cdot \det\begin{pmatrix} p_1(\xi) & x_0 - \xi \\ p_2(\xi) & x_2 - \xi \end{pmatrix}.$$

Wählen wir exemplarisch den Wert $\xi = \frac{1}{2}$, *so berechnet sich der folgende Wert des Interpolationspolynoms* $q(x)$

$$q\left(\frac{1}{2}\right) = \frac{1}{1-(-1)}\cdot \det\begin{pmatrix} -\frac{1}{2} & -1-\frac{1}{2} \\ \frac{1}{2} & 1-\frac{1}{2} \end{pmatrix} = \frac{1}{4}$$

was gleich dem Wert von $f\left(\frac{1}{2}\right)$ *ist.*

Die Berechnung der Interpolationspolynome und deren schrittweiser Erweiterung basierend auf dem Zusammenhang nach Aitken-Neville lässt sich schematisch sehr übersichtlich in folgender Tabelle darstellen.

Tabelle zur rekursiven Berechnung von Interpolationspolynomen nach Aitken-Neville

x_k	y_k	$p \in \mathbb{P}_1$	$p \in \mathbb{P}_2$	$p \in \mathbb{P}_3$	$\dots$	$x_k - \xi$
x_0	y_0					$x_0 - \xi$
x_1	y_1	$\boxed{p(x_0, x_1; \xi)}$			$\dots$	$x_1 - \xi$
		$\left(= \frac{y_0(x_1-\xi)-y_1(x_0-\xi)}{x_1-x_0}\right)$	$\searrow$			
x_2	y_2	$p(x_1, x_2, ; \xi)$	$\longrightarrow \boxed{p(x_0, x_1, x_2; \xi)}$		$\dots$	$x_2 - \xi$
		$\left(= \frac{y_1(x_2-\xi)-y_2(x_1-\xi)}{x_2-x_1}\right)$	$\left(= \frac{p(x_0,x_1;\xi)(x_2-\xi)-p(x_1,x_2;\xi)(x_0-\xi)}{x_2-x_0}\right)$			
			$\searrow$	$\searrow$		
x_3	y_3	$p(x_2, x_3, ; \xi)$	$\longrightarrow p(x_1, x_2, x_3; \xi) \longrightarrow$	$\boxed{p(x_0, x_1, x_2; \xi)}$	$\dots$	$x_3 - \xi$
$\vdots$	$\vdots$	$\vdots$	$\vdots$	$\vdots$	$\vdots$	$\vdots$

Hermitesche Interpolation

Schließlich geben wir eine Erweiterung der Interpolation, welche für Funktionen $f \in C^1([a,b])$ Anwendung findet, da man bei solchen Funktionen dann zu gegebenen Stützpunkten $(x_0, y_0), \ldots, (x_n, y_n)$ das Interpolationspolynom nicht nur an den Stützstellen auswerten kann, sondern zusätzlich fordert, dass dessen Ableitungen in den Stützstellen auch mit den Ableitungen der betrachteten Funktion übereinstimmen.
Zum Bestimmen des gesuchten Polynoms verwendet man die Methode der Hermiteschen Interpolation, welche auf dem folgenden Satz nach Hermite[7] basiert:

Satz 3.1.4. *(Eindeutigkeitssatz nach Hermite)*
Zu einer Funktion $f \in C^1([a,b])$ gibt es genau ein Polynom $p \in \mathbb{P}_{2n+1}$, so dass

$$p(x_k) = f(x_k) \text{ und } p'(x_k) = f'(x_k)$$

für alle $k = 0, \ldots, n$, $x_k \in [a,b]$ gilt (x_k paarweise verschieden).

Beweis.
Der Beweis des Satzes 3.1.4 ist in zwei Schritten aufgebaut. Zuerst zeigt man, unter der Annahme, dass ein Polynom existiert, welches den Satz erfüllt, auch eindeutig sein muss und im zweiten Schritt weist man dessen Existenz durch die Bestimmung des Polynomterms nach.

- 1. Schritt: (Eindeutigkeit):
  Seien $p, q \in \mathbb{P}_{2n+1}$ mit $p(x_k) = q(x_k) = f(x_k)$ und $p'(x_k) = q'(x_k) = f'(x_k)$ für alle $k = 0, \ldots, n$.
  Für $D(x) = p(x) - q(x)$ gilt dann $D \in \mathbb{P}_{2n+1}$ und so $D(x_k) = D'(x_k) = 0$. Damit sind die x_k doppelte Nullstellen. Da es von diesen $n+1$ paarweise verschiedene gibt, muss D mindestens $2n+2$ Nullstellen besitzen. Also muss entweder nach dem Fundamentalsatz der Algebra D vom Grad $2n+2$ oder die Nullfunktion sein, weshalb nach Voraussetzung nur $D = 0$ gelten kann, woraus $p = q$ folgt.

[7]Charles Hermite (* 24. Dezember 1822 in Dieuze, Lothringen – † 14. Januar 1901 in Paris) war französischer Mathematiker. Er absolvierte sein Studium an der École politechnique, das er wegen einer Gehbehinderung unterbrechen musste. Dort wurde er auch ab 1869 Professor und hielt zudem ab 1879 Vorlesungen an der Sorbonne. Er war Mitglied in zahlreichen ausländischen Akademien. Sein Forschungsgebiete betrafen die Zahlentheorie und die elliptischen Funktionen. In einem seiner Hauptergebnisse bewies er die Transzendenz von e. Er war u. a. im Austausch mit Liouville, Cauchy, Mittag-Leffler und Poincaré, dessen Doktorvater er war.

- 2.Schritt: (Existenz):
  Hier konstruieren wir das Polynom explizit. Wie bei der Methode von Lagrange (3.3), einmal für die Funktion und dann für die Ableitung, setzen wir

$$p(x) = \sum_{k=0}^{n} \Big(g_k(x) f(x_k) + h_k(x) f'(x_k) \Big) \tag{3.30}$$

an, wobei wir $g, h \in \mathbb{P}_{2n+1}$ und

$$\begin{aligned} &\forall\ k, j = 0, \ldots, n : g_j(x_k) = \delta_{jk} \text{ und } g_j'(x_k) = 0 \text{ sowie} \\ &\forall\ k, j = 0, \ldots, n : h_j(x_k) = 0 \text{ und } g_j'(x_k) = \delta_{jk} \end{aligned}$$

verlangen. Nach (3.4) ist damit

$$h_j(x) = q_j^2(x)(x - x_j) \text{ und } g_j(x) = q_j^2(x)(c_j x + d_j)$$

Die Parameter c_j und d_j ergeben sich aus den restlichen Forderungen $g(x_j) = 1$ und $g'(x_j) = 0$. Dies führt zu:

$$g_j(x_j) = 1 \ \Rightarrow\ c_j x_j + d_j = 1$$

also

$$\begin{aligned} g_j'(x_j) = 0 \ \Rightarrow\ 0 = &\frac{2}{x_j - x_0} + \ldots + \frac{2}{x_j - x_{j-1}} + \frac{2}{x_j - x_{j+1}} \\ &+ \ldots + \frac{2}{x_j - x_n} + c_j = 0 \end{aligned}$$

was zur Bestimmung der c_j führt

$$c_j = -2 \sum_{k=0, k\neq j}^{n} \frac{1}{x_j - x_k} \tag{3.31}$$

Schließlich bestimmt man noch $d_j = 1 - c_j x_j$.

□

Bemerkungen 3.1.8.

- *Schreibt man für eine Funktion* $f \in C^{2n+2}([a,b])$ *das Restglied in der Form* $R(x) = f(x) - p(x)$*, wobei* p *gemäß Satz 3.1.4 eindeutig bestimmt wird, so kann man* R *analog zum Taylorschen Restglied darstellen:*
$$R(x) = \frac{f^{(2n+2)}(\xi)}{(2n+2)!} \cdot \varphi^2(x), \tag{3.32}$$
wobei $\xi \in]\min_{k=1,\ldots,n}(x_k, x), \max_{k=0,\ldots,n}(x, x_k)[$ *berechnet wird.*

- *Das Verfahren der Hermiteschen Interpolation kann man natürlich verfeinern bzw. erweitern, indem man die Übereinstimmung für höhere Ableitungen zur Bestimmung des Polynom höheren Grades verwendet.*

- *Die Hermitesche Interpolation ist auch Motivation dafür, Polynome niedrigen Grades zu verwenden, diese aber auf einer Zerlegung jeweils nur auf den Teilintervallen zu bestimmen und anschließend eine „Glattheit“* [8] *an den Klebestellen verlangt. Dieses Vorgehen führt schließlich zu dem Gebiet der Spline-Interpolation, das wir hier nur erwähnen möchten.*

[8] Übereinstimmung in Funktionswert und erster Ableitung

3.1.4 Kurzfragen zum Verständnis

1. Will man bestehende Stützstellen erweitern, so hat das Newton-Interpolationverfahren Vorteile gegenüber dem Lagrange-Interpolationverfahren.

   □ wahr □ falsch

2. Beim Newtonverfahren der Interpolation muss man bei Erweiterung der Stützstellen alle Polynome neu berechnen.

   □ wahr □ falsch

3. Die Reihenfolge der Argumente ist entscheidend für den Wert der verallgemeinerten Steigung.

   □ wahr □ falsch

4. Will man die Stützstellenanzahl vergrößern, so hat die Lagrangemethode bei der Interpolation Vorteile gegenüber der Methode nach Newton.

   □ wahr □ falsch

5. Das interpolierende Polynom ist eindeutig.

   □ wahr □ falsch

6. Die Hermitesche Interpolation ist eine Verallgemeinerung des Verfahrens von Aitken-Neville.

   □ wahr □ falsch

3.1.5 Übungen

Lösungsvideos zu den Übungen können auf www.lsgn24h.de über die Eingabe des Lösungscodes abgerufen werden.

Kl A:

1. Berechnen Sie Werte der Koeffizienten $a, b, c, d \in \mathbb{R}$ des Polynoms

$$p(x) = ax^3 + bx^2 + cx + d$$

dessen Graph die folgenden Stützpunkte enthält

$$(1, 2), (-2, 4), (2, 2), (4, 6).$$

(Lösungscode: SB05IP0A001)

2. Bestimmen Sie Terme drei verschiedener Polynome, deren Graphen die folgenden zwei Stützpunkte enthalten

$$(1, 5), (4, -1).$$

(Lösungscode: SB05IP0A002)

3. Notieren Sie das Differenzenschema und das Interpolationspolynom nach Newton zu folgenden Stützpunkten:

i	1	2	3	4
x_i	-2	-1	0	3
y_i	1	4	1	2

(Lösungscode: SB05IP0A003)

4. Beweisen Sie die Gleichung (3.20).

(Lösungscode: SB05IP0A004)

5. Mit dem Algorithmus nach Aitken-Neville bestimmen Sie einen Näherungswert von exp(0.53) mit Hilfe der Stützstellen

$$x_k = 0.3 + k \cdot h,\ h = 0.1,\ k = 0, \ldots, 5$$

und beurteilen Sie die erreichte Genauigkeit.

(Lösungscode: SB05IP0A005)

6. Berechnen Sie mit dem Algorithmus nach Aitken-Neville einen Näherungswerte von $f(1.4)$ der Funktion

$$f(x) = \frac{1}{x^2}$$

an den Stützstellen $x_0 = 0.2$, $x_1 = 0.5$, $x_2 = 1.0$, $x_3 = 1.5$, $x_4 = 2.0$, $x_5 = 3.0$. Beurteilen Sie die erreichte Genauigkeit und interpretieren Sie das Resultat.

(Lösungscode: SB05IP0A006)

7. Weisen Sie (3.2) nach.

(Lösungscode: SB05IP0A007)

8. Überzeugen Sie sich mit Begründung von der Identität in (3.9).

(Lösungscode: SB05IP0A008)

Kl B:

1. Entscheiden Sie, ob die folgenden Interpolationsaufgaben lösbar bzw. eindeutig lösbar sind und berechnen Sie gegebenenfalls die Lösung:

   (a) Finden Sie $p \in \mathbb{P}_3$ mit $p(0) = p(1) = 1$, $p''(0) = 0$ und $p'(1) = 1$.

   (Lösungscode: SB05IP0B001)

   (b) Finden Sie $p \in \mathbb{P}_2$ mit $p(-1) = p(1) = 1$ und $p'(0) = 0$.

   (Lösungscode: SB05IP0B002)

   (c) Finden Sie $p \in \mathbb{P}_2$ mit $p(0) = p(1) = 1$ und $p'(1) = 1$.

   (Lösungscode: SB05IP0B003)

   (d) Finden Sie $p \in \mathbb{P}_2$ mit $p(0) = 1, p'(0) = 1$ und $\int_{-1}^{1} p(x)\,dx = 1$.

   (Lösungscode: SB05IP0B004)

2. Approximieren Sie die Funktion mittels Hermitescher Interpolation 3. Grades von $f(x) = \sin(\frac{\pi}{2}x)$ auf $[0, 1]$ an den Stützstellen $x_0 = 0$, $x_1 = 1$. Welcher relative Interpolationsfehler besteht höchstens in den Intervallen $[0, \frac{1}{4}]$, $[\frac{1}{4}, \frac{3}{4}]$, $[\frac{3}{4}, 1]$?

(Lösungscode: SB05IP0B005)

3. Interpolieren Sie erneut die Funktion $f(x) = \sin(\frac{\pi}{2}x)$ mittels Hermitescher Methode 3. Grades auf den Intervallen $[0, \frac{1}{2}]$ und $[\frac{1}{2}, 1]$, indem sie jeweils die Intervallenden verwenden.

   (Lösungscode: SB05IP0B006)

4. Es seien $n \in \mathbb{N}$ und $V \subset C([a, b])$ mit $\dim \operatorname{span}(V) = n$. Man nennt V ein *Tschebyschev*[9]*-System*, wenn jedes $g \in V$, $g \neq 0$ höchstens $(n-1)$ Nullstellen besitzt.

   (a) Zeigen Sie: Für alle $n \in \mathbb{N}$ bildet $\mathbb{P}_n$ der Vektorraum der Polynome mit Grad maximal n ein Tschebyschev-System. (Tipp: Benutzen Sie [SM04])

   (Lösungscode: SB05IP0B007)

   (b) Seien $\vec{y} = (y_1, \ldots, y_n) \in \mathbb{R}^n$, $g_1, \ldots, g_n \in V$ und

   $$x_1, \ldots, x_n \in [a, b],\ x_i \neq x_j,\ i, j = 1, \ldots, n,\ i \neq j$$

   Zeigen Sie, dass dann die Vektoren

   $$\vec{g}_k = (g_k(x_1), \ldots, g_k(x_n)) \in \mathbb{R}^n,\ k = 1, \ldots, n$$

   in $\mathbb{R}^n$ linear unabhängig sind, wenn V ein Tschebyschev-System bildet.

   (Lösungscode: SB05IP0B008)

   (c) Zeigen Sie Satz 3.1.1.

   (Lösungscode: SB05IP0B009)

[9] Pafnuti Lwowitsch Tschebyschow [hier: „Tschebyschev“ transkripiert](* 16.5. 1821 in Okatowo im Kreis Borowsk (heute in der Oblast Kaluga) – † 8.12.1894 in Sankt Petersburg) war ein russischer Mathematiker. Er entstammte einer Großgrundbesitzerfamilie mit acht Geschwistern. Nach der Übersiedelung nach Moskau erhielt er Privatunterricht und studierte schließlich ab 1837 an der Lomonossow Universität, promovierte 1847 in St. Petersburg, wo er 1850 außerordentlicher Professor wurde. Von 1860 bis zu seiner Emeritierung 1887 war er dort ordentlicher Professor. Tschebyschev gilt neben Lobatschewski als größter russischer Mathematiker des 19. Jh. Er arbeitete auf den Gebieten der Zahlentheorie, der Funktionentheorie, der numerischen Mathematik, der Wahrscheinlichkeitstheorie und der Mechanik.

Kl C:

1. Bestimmen Sie das Interpolationspolynom $p_2 \in \mathbb{P}_2$ zu

$$f(x) = \cos(\pi x) \text{ auf } [-1, 1]$$

   (a) an den Stützstellen $x_0 = -1, x_1 = 0$ und $x_2 = 1$ mit Hilfe des Lagrange-Ansatzes

   (Lösungscode: SB05IP0C001)

   (b) und betrachten Sie zusätzlich die Stützstelle $x_3 = \frac{1}{2}$. Bestimmen Sie nun das Interpolationspolynom $p_3 \in \mathbb{P}_3$ anhand des Lagrange-Ansatzes.

   (Lösungscode: SB05IP0C002)

2. Bestimmen Sie das Interpolationspolynom $p_2 \in \mathbb{P}_2$ zu

$$f(x) = \cos(\pi x) \text{ auf } [-1, 1]$$

   (a) an den Stützstellen $x_0 = -1, x_1 = 0$ und $x_2 = 1$ mit Hilfe des Newton-Ansatzes

   (Lösungscode: SB05IP0C003)

   (b) und betrachten Sie zusätzlich die Stützstelle $x_3 = \frac{1}{2}$. Bestimmen Sie nun das Interpolationspolynom $p_3 \in \mathbb{P}_3$ anhand des Newton-Ansatzes.

   (Lösungscode: SB05IP0C004)

3. Führen Sie den Beweis zu Satz 3.1.2 aus.

   (Lösungscode: SB05IP0C005)

4. Zeigen Sie die Erweiterung des Mittelwertsatzes für höhere Ableitung:

   Es sei $f \in C^{n-1}([a, b])$ n-mal in $]a, b[$ differenzierbar. Dann gibt es zu jeder Wahl paarweiser verschiedener Punkte $x_0, \ldots, x_n \in [a, b]$ ein $\xi \in]\min_{0 \leq k \leq n} x_k, \max_{0 \leq k \leq n} x_k[\subset]a, b[$, so dass

$$[x_n \ldots x_0] = \frac{1}{n!} f^{(n)}(\xi)$$

   (Lösungscode: SB05IP0C006)

Kl D:

1. Zu einer auf $[a, b]$ stetigen Funktion f und den Stützstellen

$$x_0, x_1, \ldots, x_n \in [a, b]$$

sei $I_n(f) = p_n \in \mathbb{P}_n$ das eindeutig bestimmte Interpolationspolynom n-Grades. Dann definiert

$$I_n : C([a, b]) \longrightarrow \mathbb{P}_n; \ f \longmapsto I_n(f) = p_n$$

eine Abbildung. Zeigen Sie

(a) I_n ist linear.

(Lösungscode: SB05IP0D001)

(b) $\exists\, C > 0 \ \forall\, f \in C([a, b]) : \ \|I_n(f)\|_\infty \leq C\|f\|_\infty$

(Lösungscode: SB05IP0D002)

(c) Es gilt:

$$\sup\{\|I_n(f)\|_\infty; f \in C([a, b]), \|f\|_\infty = 1\} = \|\sum_{k=0}^{n} q_k\|_\infty$$

(Lösungscode: SB05IP0D003)

3.2 Numerische Quadratur Teil 1

Wie wir bereits zu Beginn des Kapitels 3 besprochen hatten, ist das Integrieren oft mühsam und in vielen Fällen unmöglich, insbesondere wenn eine Stammfunktion in geschlossener Form angegeben werden soll. Will man jedoch ein bestimmtes Integral berechnen, am besten für auf einem Intervall positive Funktionen, so gilt es, die Fläche zwischen dem Graphen und der Abszisse zu ermitteln, was man durch Annäherung lösen kann. Die zugehörigen Verfahren fasst man eben unter dem Begriff der „numerischen Integration“ zusammen. Da die Einheit des Flächeninhaltes sich auf ein Quadrat definierter Kantenlänge, „ein Quadratmeter"($1m^2$), bezieht, alle weiteren Flächen realtiv zum Quadratmeter angegeben sind und erste Ansätze darin bestanden, die gesuchte Fläche als Summe immer kleiner werdender Quadratflächen darzustellen, spricht man traditionell auch von „numerischer Quadratur“.

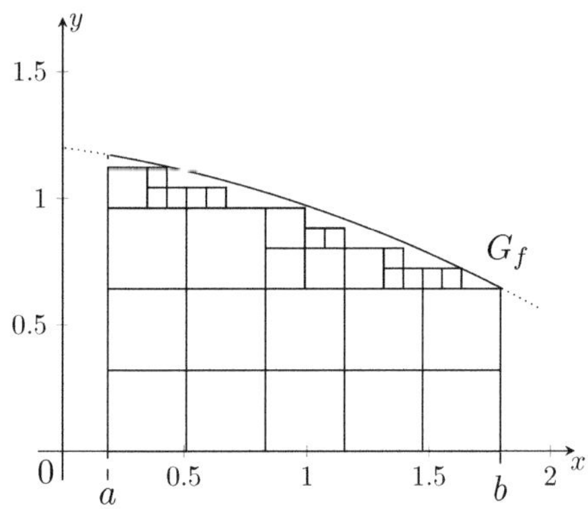

Abbildung 3.2: Beispiel numerische Quadratur

Definition 3.2.1. *(Quadraturformel)*
Für den gesuchten Flächeninhalt A ergibt sich die allgemeine **Quadraturformel**

$$A = \int_a^b f(x)\,dx = Q(f) + R(f) \tag{3.33}$$

Wobei $Q(f)$ für den Näherungswert je nach Art der Quadratur zu f und $R(f)$ für den zugehörigen Fehlerwert/Restwert stehen.

Als eine Form der Quadratur kennen wir ja schon die Untersumme bzw. Obersumme gemäß der Definition des Riemann-Integrals. Dieses Vorgehen ist als Methode eher „grob“ und wird bei Funktionen, die in ihren Funktionswerten stark schwanken, einen relativ großen Fehler erzeugen. Um folglich den Fehler möglichst gering zu halten, bedient man sich anderer Methoden.

Heute ist die Grundidee, die gegebene Funktion f durch „schöne“ Funktionen zu approximieren, d. h. durch Funktionen, deren Integrale leicht zu bestimmen sind und anschließend den berechneten Integralwert als Näherung zu verwenden.
Und genau dieses Vorgehen werden wir in den nächsten Seiten vorstellen, wobei wir uns in diesem Abschnitt auf Methoden beschränken, welche die Polynominterpolation für die Quadratur einsetzen. Es werden verschiedene Methoden vorgestellt, ohne natürlich eine Vollständigkeit zu reklamieren.
Eine Erweiterung dieses Vorgehens für spezielle Funktion findet sich dann im Abschnitt 3.5.

3.2.1 Rechteckmethoden

Wir beginnen mit der einfachen Funktionenklasse der Treppenfunktionen (siehe Satz 2.2.1) zur Approximation einer gegebenen Funktion f auf einem Intervall $[a, b]$.
Zu diesem Zweck wählen wir eine Zerlegung des Intervalls $[a, b]$, durch $x_i = a + ih$, mit $h = \frac{b-a}{n}$ und $i = 0, \ldots, n$. Mit anderen Worten wir können das Intervall in gleich große Teilintervalle $[x_{i-1}, x_i]$ $(i = 1, \ldots, n)$ einteilen.
Wir wählen zur Vorbereitung der Berechnung der Quadratur nach (3.33) auf zwei Weisen **Treppenfunktionen** zu einer gegebenen integrierbaren Funktion $f : [a, b] \longrightarrow \mathbb{R}$ bezogen auf die genannte Zerlegung:

$$\begin{aligned} \Psi_{li,n}(x) &= \sum_{i=0}^{n-1} f(x_i)\chi_{[x_i,x_{i+1}[}(x) \\ \Psi_{re,n}(x) &= \sum_{i=0}^{n-1} f(x_{i+1})\chi_{]x_i,x_{i+1}]}(x) \end{aligned} \tag{3.34}$$

In (3.34) bezeichnet χ_I für ein Intervall $I = [x_{i-1}, x_i] \subset [a, b] \subset \mathbb{R}$ die charakteristische Funktion, welche wie folgt definiert ist.

Definition 3.2.2. *(charakteristische Funktion)*
Sei $I \subset \mathbb{R}$. Dann ist die **charakteristische Funktion** *zu I gegeben durch*

$$\chi_I(x) = \begin{cases} 1 & \text{falls } x \in I \\ 0 & \text{falls } x \notin I. \end{cases} \tag{3.35}$$

Damit können wir mit Hilfe der charakteristischen Funktion und der genannten Zerlegung des Intervalls zwei Rechteckmethoden festlegen.

Definition 3.2.3. *(Links- und Rechtspunktmethode)*
Sei $f : [a,b] \longrightarrow \mathbb{R}$ stetig, $x_i = a + ih$, mit $h = \frac{b-a}{n}$ und $i = 0, \ldots, n$. Dann folgen für die Quadratur mit Hilfe der Treppenfunktionen (3.34)

$$Q_{li,n}(f) = \int_a^b \Psi_{li,n}(x)\, dx = h \sum_{i=0}^{n-1} f(x_i) \quad \textbf{(die Linkspunktmethode)}$$

$$Q_{re,n}(f) = \int_a^b \Psi_{re,n}(x)\, dx = h \sum_{i=1}^{n} f(x_i) \quad \textbf{(die Rechtspunktmethode)}$$

Da es sich bei der Links- bzw. Rechtspunktmethode jeweils um eine Riemannsumme handelt und f integrierbar ist, folgt somit:

$$\lim_{n\to\infty} Q_{li,n}(f) = \lim_{n\to\infty} Q_{re,n}(f) = \int_a^b f(x)\, dx$$

Für den Fehler $R_{li,n}(f)$ der Linkspunktmethode approximieren wir die Funktion durch die Treppenfunktion $\Psi_{li,n}$ und erhalten die Darstellung des Integral über $[x_0, x_1]$

$$\begin{aligned} \int_{x_0}^{x_1} f(x)\, dx &= \int_{x_0}^{x_1} (f(x_0) + r(x))\, dx \\ &= y_0(x_1 - x_0) + \int_{x_0}^{x_1} r(x)\, dx = y_0(x_1 - x_0) + R_{li}(f) \end{aligned}$$

Zur Bestimmung von $r(x)$ über einem allgemeinen Teilintervall $[x_k, x_{k+1}]$ wählen wir die Taylorentwicklung bis zur ersten Ableitung und erhalten

$$f(x) = f(x_k) + r(x) \tag{3.36}$$

so besitzt demnach das Restglied $r(x)$ die Darstellung

$$r(x) = f'(\xi_k)(x - x_k)$$

mit $\xi_k \in]x_k, x_{k+1}[$.

Integration über $r(x)$ berechnet den Fehler je Teilintervall

$$R_{li,k}(f) = \int_{x_k}^{x_{k+1}} f'(\xi_k)(x - x_k)\, dx\,,$$

wobei gilt

$$\forall\ x \in [x_k, x_{k+1}] :\ (x - x_k) \geq 0$$

Da f' stetig ist und somit $f'(\xi_k)$ stetig von ξ_k abhängt, gibt es nach dem Mittelwertsatz der Integralrechnung 3.1.3 ein $\tilde{\xi_k} \in]x_k, x_{k+1}[$ mit

$$R_{li,k}(f) = f'(\tilde{\xi_k}) \int_{x_k}^{x_{k+1}} (x - x_k)\, dx.$$

woraus der Fehlerwert für das Teilintervall folgt

$$R_{li,k}(f) = \frac{h^2}{2} f'(\tilde{\xi_k}) \tag{3.37}$$

und aus der Summation der Fehlerwerte (3.37) folgt der Fehlerwert für das Intervall $[x_0, x_n]$

$$R_{li,n}(f) = \sum_{k=0}^{n-1} R_{li,k}(f) = \frac{h^2}{2} \sum_{k=0}^{n-1} f'(\tilde{\xi_k}) = \frac{h}{2} \cdot n \cdot h \cdot \frac{1}{n} \sum_{k=0}^{n-1} f'(\tilde{\xi_k}).$$

Nun stimmt das arithmetische Mittel $\frac{1}{n} \sum_{k=0}^{n-1} f'(\tilde{\xi_k})$ mit dem Wert $f'(\xi)$ an einer „Zwischenstelle“ $\xi \in]x_0, x_n[$ überein und mit $x_n - x_0 = n \cdot h$ folgt der **Fehlerterm der Linkspunktmethode**

$$R_{li,n}(f) = \frac{h}{2} f'(\xi)(x_n - x_0) \tag{3.38}$$

Der Fehlerterm (3.51) genügt dabei der Abschätzung

$$R_{li,min}(f) \leq |R_{li,n}(f)| \leq R_{li,max}(f) \tag{3.39}$$

$$R_{li,min}(f) = \frac{h}{2}(x_n - x_0) \cdot \min_{x \in [x_0, x_n]} |f'(x)|$$

$$R_{li,max}(f) = \frac{h}{2}(x_n - x_0) \cdot \max_{x \in [x_0, x_n]} |f'(x)|$$

Für die Berechnung des Fehlerterms bei Links- und Rechtspunktmethode gilt dabei der folgende Satz.[10]

Satz 3.2.1.
Die Links- und Rechtspunktmethode integrieren jeweils exakt Polynome $p \in \mathbb{P}_0$, Polynome vom Grad 0.
Ist die zu integrierende Funktion $f \in C^1([a,b])$, so folgt für das Fehlerglied $R(f)$ entsprechend der Definition 3.2.1

$$R_{li,n}(f) = O(h) = R_{re,n}(f). \tag{3.40}$$

Natürlich kann man sich auch noch weitere Rechteckmethoden vorstellen, worauf wir hier nicht weiter eingehen möchten. Berechnen wir nun aber erst einmal ein Beispielintegral mit Hilfe der Links- und Rechtspunktmethoden:

Beispiel 3.2.1. *(Rechteckmethoden)*
Mit Hilfe der Rechteckmethoden soll das folgende Integral berechnet werden.

$$\int_2^3 f(x)\,dx = \int_2^3 \frac{1}{\ln(x)}\,dx = Q_n(f) + R_n(f) \tag{3.41}$$

Als Stützstellen werden die Werte $x_0 = 2$, $x_1 = 2.5$ und $x_2 = 3$ angesetzt, womit sich mit $h = \frac{3-2}{2} = \frac{1}{2}$ und den Funktionswerten

$$y_0 = f(x_0) = \frac{1}{\ln(2)}, \; y_1 = f(x_1) = \frac{1}{\ln(2.5)}, \; y_2 = f(x_2) = \frac{1}{\ln(3)}$$

als „grobe" Näherung die Quadraturwerte zu (3.41) durch Links- und Rechtspunktmethode folgende berechnen:

$$\begin{aligned} Q_{li,2}(f) &= \frac{1}{2} \cdot (y_0 + y_1) = \frac{1}{2} \cdot \left(\frac{1}{\ln(2)} + \frac{1}{\ln(2.5)} \right) \approx 1.26702\ldots \\ Q_{re,2}(f) &= \frac{1}{2} \cdot (y_1 + y_2) = \frac{1}{2} \cdot \left(\frac{1}{\ln(2.5)} + \frac{1}{\ln(3)} \right) \approx 1.00079\ldots \end{aligned}$$

Für den Fehlerterm benötigt man noch die erste Ableitung von f

$$f'(x) = -\frac{1}{x \cdot (\ln(x))^2}$$

[10] Der Beweis des Satzes ist Teil der Übungen 3.2.6.

Da zudem auf $[2,3]$ $f''(x) > 0$ *gilt, wird* $|f'(x)|$ *maximal bei* $x_1 = 2$ *und es folgt die Fehlerabschätzung:*

$$|R_2(f)| \leq \frac{(3-2)}{4} \cdot \left| \left(-\frac{1}{2 \cdot (\ln(2))^2} \right) \right| \cdot |3-2| \approx 0.26017\ldots \tag{3.42}$$

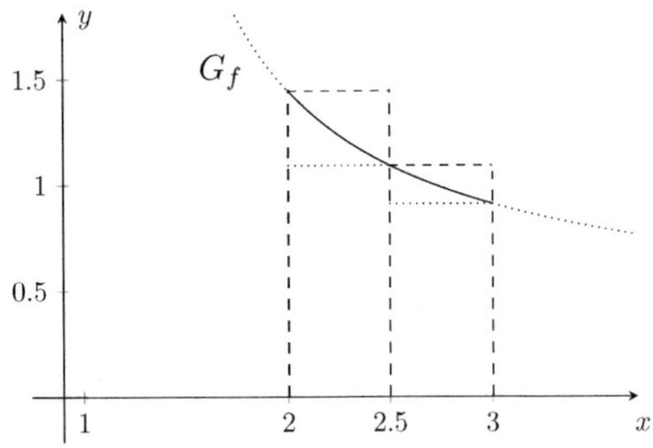

Abbildung 3.3: Links- und Rechtspunktmethode für $\int_2^3 f(x)\,dx = \int_2^3 \frac{dx}{\ln(x)}$

3.2.2 Sehnentrapezregel

Wir beginnen mit einem einfachen Fall: Es sei $[a, b] = [x_0, x_1] \subset \mathbb{R}$ und $f : [a, b] \longrightarrow \mathbb{R}$ sei integrierbar. Bei der Sehnentrapezregel erstellt man die Quadratur durch eine Sehne (Gerade), welche den Graphenverlauf von f über $[x_0, x_1]$ ersetzt.
Zur Vereinfachung definiert man die Stützwerte $y_k = f(x_k),\ k = 0, 1$ und erhält als Gleichung der Sehne das lineare Polynom $p_1 \in \mathbb{P}_1$:

$$p_1(x) = y_0 + \frac{y_1 - y_0}{x_1 - x_0}(x - x_0) \tag{3.43}$$

Der Funktionsterm von f kann damit als Summe des Polynoms p_1 und einer noch unbekannten Fehlerfunktion r geschrieben werden:

$$f(x) = p_1(x) + r(x)\ , \quad \text{mit} \quad r : [a, b] \longrightarrow \mathbb{R}$$

Die Integration

$$\int_a^b f(x)dx = \int_{x_0}^{x_1} f(x)dx = Q(f) + R(f) \tag{3.44}$$

ermittelt anschließend formal den Quadraturwert $Q(f)$ und den zugehörigen Restwert $R(f)$ des Integrals.

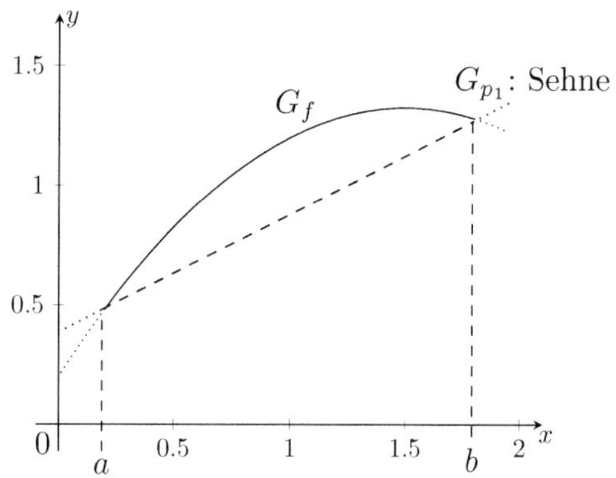

Abbildung 3.4: Beispiel Sehnentrapezregel für zwei Stützpunkte

Bemerkung 3.2.1.
Abbildung 3.4 begründet die Namensgebung der „Sehnen-Trapez-Regel“, wobei die eigentliche Regel noch folgen wird.

Das Ausführen des Integrals (3.44) ergibt

$$
\begin{aligned}
\int_{x_0}^{x_1} f(x)dx &= \int_{x_0}^{x_1} (p_1(x) + r(x))dx \\
&= y_0(x_1 - x_0) + \frac{y_1 - y_0}{x_1 - x_0}\frac{1}{2}(x_1 - x_0)^2 + \int_{x_0}^{x_1} r(x)dx \\
&= (x_1 - x_0)\left(\frac{1}{2}y_0 + \frac{1}{2}y_1\right) + R(f)
\end{aligned}
$$

Damit lautet der Quadraturwert bei der Sehnentrapezregel mit genau zwei Stützpunkten:

$$
Q(f) = \frac{1}{2} \cdot (x_1 - x_0) \cdot (y_1 + y_0) \tag{3.45}
$$

Wie Abbildung 3.4 gut zeigt, kann der Fehlerterm bei nur zwei Stützpunkten recht groß ausfallen, da ja durch $Q(f)$ lediglich die Fläche des Trapez berechnet wird. Um eine größere Genauigkeit zu erreichen, unterteilt man im nächsten Schritt das Intervall $[a, b]$ in gleich breite Teilintervall, was dann auf die eigentliche Sehnentrapezregel führen wird. Nehmen wir also eine Unterteilung des Intervalls $[a, b]$ in n äquidistante Teilintervalle der Breite h vor, also $a = x_0 < x_1 < \ldots < x_n = b$, mit

$$
x_{k+1} - x_k = \frac{b-a}{n} =: h\,,\ 0 \leq k \leq n-1 \tag{3.46}
$$

Man kann jetzt das Integral über die einzelnen Teilintervalle bilden

$$
\int_a^b f(x)dx = \sum_{k=0}^{n-1} \int_{x_k}^{x_{k+1}} f(x)dx
$$

und wendet jeweils die Quadratur (3.45) an

$$
\int_{x_k}^{x_{k+1}} f(x)dx = \frac{h}{2}(y_k + y_{k+1})
$$

durch Summieren folgen Quadraturwert $Q_n(f)$ und der Rest $R_n(f)$

$$
\int_a^b f(x)dx = \frac{h}{2}(y_0 + 2y_1 + 2y_2 + \ldots + 2y_{n-1} + y_n) + R_n(f) \tag{3.47}
$$

Definition 3.2.4. *(Sehnentrapezregel)*
Seien $f : [a,b] \to \mathbb{R}$, eine Unterteilung von $[a,b]$ wie in (3.46) und das Integral $\int_a^b f(x)\,dx$ gegeben. Dann wird der zugehörige Quadraturwert

$$Q_n(f) = \frac{h}{2}(y_0 + 2y_1 + 2y_2 + \ldots + 2y_{n-1} + y_n) \tag{3.48}$$

die **Sehnentrapezregel** *genannt.*

Wichtig und interessant ist natürlich eine Fehlerabschätzung für diese Regel, d. h. eine Abschätzung von $R_n(f)$ nach oben und unten.
Dazu setzen wir wie im Abschnitt über Interpolation $f \in C^2([a,b])$ voraus, betrachten ein beliebiges Teilintervall $[x_k, x_{k+1}]$, $k = 0, \ldots, n-1$ und wählen ein $x \in [x_k, x_{k+1}]$. Bildet man zu f um x_k ein Taylorpolynom ersten Grades und nähert die Ableitung gleichzeitig an, d. h.

$$f(x) = f(x_k) + \frac{f(x_{k+1}) - f(x_k)}{x_{k+1} - x_k}(x - x_k) + r(x) \tag{3.49}$$

so besitzt das Restglied $r(x)$ die Darstellung

$$r(x) = \frac{f''(\xi_k)}{2}(x - x_k)(x - x_{k+1})$$

mit $\xi_k \in]x_k, x_{k+1}[$.
Damit berechnet sich der Restwert $R_k(f)$ je Teilintervall zu

$$R_k(f) = \frac{1}{2}\int_{x_k}^{x_{k+1}} f''(\xi_k)(x - x_k)(x - x_{k+1})\,dx$$

und es gilt

$$\forall\, x \in [x_k, x_{k+1}] : \ (x - x_k)(x - x_{k+1}) \leq 0$$

Da f'' stetig ist und somit $f''(\xi_k)$ stetig von ξ_k abhängt, gibt es nach dem Mittelwertsatz der Integralrechnung 3.1.3 ein $\tilde{\xi_k} \in]x_k, x_{k+1}[$ mit

$$R_k(f) = \frac{1}{2}f''(\tilde{\xi_k})\int_{x_k}^{x_{k+1}} (x - x_k)(x - x_{k+1})\,dx,$$

woraus der Restwert des Teilintervalls folgt

$$R_k(f) = -\frac{h^3}{12}f''(\tilde{\xi_k}) \tag{3.50}$$

und aus der Summation der Restwerte der Sehentrapezregel

$$R_n(f) = \sum_{k=0}^{n-1} R_k(f) = -\frac{h^3}{12} \sum_{k=0}^{n-1} f''(\tilde{\xi_k}) = -\frac{h^2}{12} \cdot n \cdot h \cdot \frac{1}{n} \sum_{k=0}^{n-1} f''(\tilde{\xi_k}).$$

Nun ist das arithmetische Mittel $\frac{1}{n} \sum_{k=0}^{n-1} f''(\tilde{\xi_k})$ gleich dem Wert $f''(\xi)$ an einer „Zwischenstelle" $\xi \in]x_0, x_n[$ und mit $x_n - x_0 = n \cdot h$ folgt der **Fehlerterm der Sehnentrapezregel**

$$R_n(f) = -\frac{h^2}{12} f''(\xi)(x_n - x_0) \tag{3.51}$$

Der Fehlerterm (3.51) genügt dabei der Abschätzung

$$R_{min}(f) \leq |R_n(f)| \leq R_{max}(f) \tag{3.52}$$

$$R_{min}(f) = \frac{h^2}{12}(x_n - x_0) \cdot \min_{x \in [x_0, x_n]} |f''(x)|$$

$$R_{max}(f) = \frac{h^2}{12}(x_n - x_0) \cdot \max_{x \in [x_0, x_n]} |f''(x)|$$

Berechnen wir nun aber erst einmal bekanntes ein Beispielintegral mit Hilfe der Sehnentrapezregel:

Beispiel 3.2.2. *(Sehnentrapezregel)*
Mit Hilfe der Sehnentrapezregel soll, wie schon im Beispiel 3.2.1, das folgende Integral berechnet werden.

$$\int_2^3 f(x)\,dx = \int_2^3 \frac{1}{\ln(x)}\,dx = Q_n(f) + R_n(f) \tag{3.53}$$

Als Stützstellen werden erneut die Werte $x_0 = 2$, $x_1 = 2.5$ *und* $x_2 = 3$ *angesetzt, womit sich mit* $h = \frac{3-2}{2}$ *und den Funktionswerten*

$$y_0 = f(x_0) = \frac{1}{\ln(2)},\ y_1 = f(x_1) = \frac{1}{\ln(2.5)},\ y_2 = f(x_2) = \frac{1}{\ln(3)}$$

als Näherung für den Wert von (3.53) der Quadraturwert berechnet:

$$Q_2(f) = \frac{3-2}{4} \cdot \left(\frac{1}{\ln(2)} + 2 \cdot \frac{1}{\ln(2.5)} + \frac{1}{\ln(3)} \right) \approx 1.13391\ldots \tag{3.54}$$

Für den Fehlerterm benötigt man noch die zweite Ableitung von f

$$f'(x) = -\frac{1}{x \cdot (\ln(x))^2} \Rightarrow f''(x) = \frac{\ln(x) + 2}{x^2 \cdot (\ln(x))^3}$$

Da zudem auf $[2,3]$ $f'''(x) < 0$ gilt, nimmt $f''(x)$ ihr Maximum bei x_0 an und es folgt die Fehlerabschätzung:

$$|R_2(f)| \leq \frac{(3-2)^2}{4 \cdot 12} \cdot f''(2) \cdot |3-2| \approx 0.04211\ldots \qquad (3.55)$$

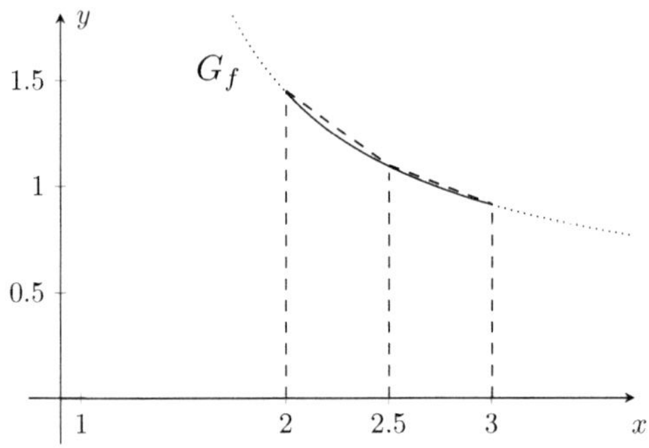

Abbildung 3.5: Sehnentrapezregel für $\int_2^3 f(x)\,dx = \int_2^3 \frac{dx}{\ln(x)}$

3.2.3 Tangententrapezregel

Wählt man eine differenzierbare Funktion f, so kann man, statt einem eingefügten Polygonzug als approximierende Funktion, einen Polygonzug wählen, der an bestimmten Stützstellen eine Tangente bildet.
Beginnen wir mit der Berechnung des Quadraturwerts zu $f \in C^2([a,b])$ für das nicht unterteilte Intervall.

Bemerkung 3.2.2.
Da man als zusätzliche Stützstelle, an welcher die Tangente gebildet wird, gerne die Mitte des Intervalls $[a,b]$ wählt, wird dieses Verfahren auch **Mittelpunktverfahren** *genannt.*

Wählt man als zusätzliche Stützstelle $x_{\frac{1}{2}} = \frac{a+b}{2}$,

$$a = x_0 < x_{\frac{1}{2}} < x_1 = b$$

und approximiert f mittels Taylorformel am Punkt $x_{\frac{1}{2}}$, so erhält man

$$f(x) = f\left(x_{\frac{1}{2}}\right) + f'\left(x_{\frac{1}{2}}\right)\left(x - x_{\frac{1}{2}}\right) + \frac{f''(\xi)}{2}\left(x - x_{\frac{1}{2}}\right)^2,$$

mit einem geeigneten $\xi \in]x_0, x_1[$.

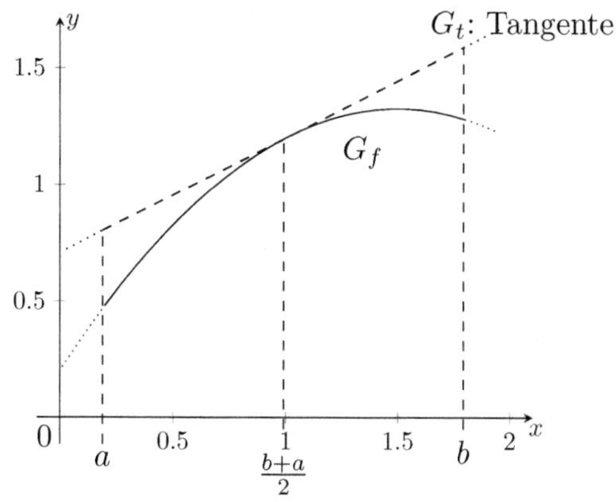

Abbildung 3.6: Beispiel Tangententrapezregel für zwei Stützpunkte

Ausführen der Integration führt auf den Quadratur- und den Fehlerwert:

$$\begin{aligned}\int_{x_0}^{x_1} f(x)dx &= \int_{x_0}^{x_1} \left(f\left(x_{\frac{1}{2}}\right) + f'\left(x_{\frac{1}{2}}\right)(x - x_{\frac{1}{2}}) + \frac{f''(\xi)}{2}(x - x_{\frac{1}{2}})^2 \right) dx \\ &= f\left(x_{\frac{1}{2}}\right)(x_1 - x_0) + \left[f'\left(x_{\frac{1}{2}}\right) \frac{(x - x_{\frac{1}{2}})^2}{2} \right]_{x_0}^{x_1} + R(f) \\ \Rightarrow\ Q(f) &= f\left(x_{\frac{1}{2}}\right) \cdot (x_1 - x_0), \\ \Rightarrow\ R(f) &= \frac{f''(\xi) \cdot h_2^2}{3!}(x_1 - x_0)\,, \quad \text{mit } h_2 = (x_1 - x_{\frac{1}{2}}) = (x_{\frac{1}{2}} - x_0)\end{aligned}$$

Bemerkung 3.2.3.
Da es für die Intervallbreite h je nach Autor verschiedene Definitionen gibt, kann dann auch der Ausdruck für $R(f)$ mit entsprechenden Faktoren versehen sein. So würde z. B. die Definition $h := b - a$ auf den folgenden Fehlerwert führen:

$$R(f) = \frac{f''(\xi) \cdot h^3}{24}$$

Wir werden in diesem Buch bei Unterteilungen des Integrationsintervalls konsequent die Definition $h = \frac{b-a}{n}$ wie in (3.46) verwenden.

Zur Verbesserung der noch groben Näherung $Q(f)$ verfeinern wir damit auch hier wieder die Unterteilung wie in (3.46).

So definieren wir je Intervall $[x_k, x_{k+1}]$ für $k = 0, \ldots, n-1$ die **mittleren Stützstellen**

$$x_{k+\frac{1}{2}} = x_k + \frac{h}{2}, \quad \text{mit } h = \frac{b-a}{n} \tag{3.56}$$

Für jedes Intervall $x \in [x_k, x_{k+1}]$ gilt gemäß der Taylorentwicklung:

$$f(x) = f\left(x_{k+\frac{1}{2}}\right) + f'\left(x_{k+\frac{1}{2}}\right)\left(x - x_{k+\frac{1}{2}}\right) + \frac{f''(\xi_k)}{2}\left(x - x_{k+\frac{1}{2}}\right)^2,$$

mit geeignetem $\xi_k \in]x_k, x_{k+1}[$. Durch Summieren folgen erneut der Quadraturwert $Q_n(f)$ und der Rest $R_n(f)$.

$$\int_a^b f(x)dx = Q_n(f) + R_n(f) = h\sum_{k=0}^{n-1} f\left(x_{k+\frac{1}{2}}\right) + R_n(f), \tag{3.57}$$

Definition 3.2.5. *(Tangententrapezregel)*
Seien $f : [a, b] \to \mathbb{R}$, eine Unterteilung von $[a, b]$ wie in (3.46) mit mittleren Stützstellen (3.56) und das Integral $\int_a^b f(x)\,dx$ gegeben. Dann wird der zugehörige Quadraturwert

$$Q_n(f) = h\sum_{k=0}^{n-1} f\left(x_{k+\frac{1}{2}}\right) \tag{3.58}$$

die **Tangententrapezregel** *genannt.*

wobei sich der **Fehlerterm der Tangententrapezregel** wie folgt ergibt

$$R_n(f) = \frac{h^2}{24} f''(\xi) \text{ mit geeignetem } \xi \in]x_0, x_n[\tag{3.59}$$

Berechnen wir damit erneut ein bekanntes Beispielintegral, dieses Mal mit der Tangententrapezregel:

Beispiel 3.2.3. *(Tangententrapezregel)*
Mit Hilfe der Tangententrapezregel soll, wie schon in den Beispielen 3.2.1 und 3.2.2, das folgende Integral berechnet werden.

$$\int_2^3 f(x)\,dx = \int_2^3 \frac{1}{\ln(x)}\,dx = Q_n(f) + R_n(f) \tag{3.60}$$

Als Stützstellen werden wieder die Werte $x_0 = 2$, $x_{\frac{1}{2}} = 2.5$ und $x_1 = 3$ angesetzt, womit sich mit $n = 2$, $h = \frac{3-2}{2}$ und den Funktionswerten

$$y_0 = f(x_0) = \frac{1}{\ln(2)}, \; y_{\frac{1}{2}} = f\left(x_{\frac{1}{2}}\right) = \frac{1}{\ln(2.5)}, \; y_1 = f(x_1) = \frac{1}{\ln(3)}$$

als Näherung für den Wert von (3.60) der Quadraturwert berechnet:

$$Q_2(f) = (3-2) \cdot \frac{1}{\ln(2.5)} \approx 1.091356\ldots \tag{3.61}$$

Für den Fehlerterm benötigt man erneut die zweite Ableitung von f (siehe Beispiel 3.2.2) und da auf $[2,3]$ $f'''(x) < 0$ gilt, nimmt $f''(x)$ ihr Maximum bei $x_0 = 2$ an, woraus die Fehlerabschätzung folgt:

$$|R_2(f)| \leq \frac{(3-2)^2}{4 \cdot 3!} \cdot f''(2) \cdot (3-2) \approx 0.04547\ldots \tag{3.62}$$

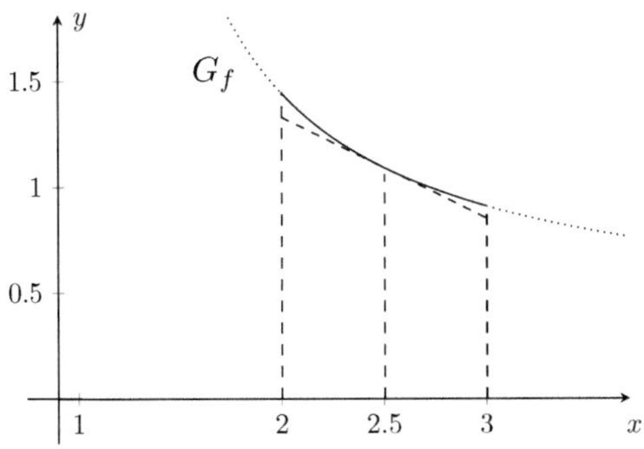

Abbildung 3.7: Tangententrapezregel für $\int_2^3 f(x)\,dx = \int_2^3 \frac{dx}{\ln(x)}$

Bemerkung 3.2.4.
Der Fehler der Tangententrapezregel fällt beim Vergleich der Fehlerwerte in den Beispielen 3.2.1, 3.2.2 und 3.2.3 geringer aus als bei den Rechteckmethoden aber größer als bei der Sehnentrapezregel.

Sowohl bei den Rechteckmethoden, der Sehnentrapezregel, als auch bei der Tangententrapezregel wurden die Stützpunkte der Funktion f über jedem Intervall durch Geraden angenähert.

Um noch bessere Ergebnisse für die Quadratur zu erhalten, soll im nächsten Abschnitt nach Simpson die Näherung über je drei Stützpunkte durch Polynome zweiten Grades erfolgen.

3.2.4 Simpsonregel

Bei dieser Näherung nach Simpson[11] werden jeweils zwei Intervalle zusammengefasst und in jedem Teilintervall die zu integrierende Funktion f durch ein Interpolationspolynom zweiten Grades angenähert. Um dies jetzt formal zu entwickeln, sei $n = 2m$, $m \in \mathbb{N}$, eine gerade Anzahl von Zerlegungsintervallen des Intervalls $[a, b]$.
Für den einfachen Fall $m = 1$ und symmetrischer Intervallteilung ergeben sich die Stützstellen

$$a = x_0 < x_1 = \frac{a+b}{2} < x_2 = b$$

Mit den Stützwerten $y_k = f(x_k)$, $k = 0, 1, 2$. Auf dem Intervall $[x_0, x_2]$ lautet damit das Interpolationspolynom, mit der Notation (3.22),

$$p_2(x) = y_0 + \frac{\Delta y_0}{h}(x - x_0) + \frac{\Delta^2 y_0}{2h^2}(x - x_0)(x - x_2).$$

Nach Berechnung der Koeffizienten und Ausführen der Integration erhalten wir die klassische **Keplersche**[12] **Fassregel**:

$$\int_{x_0}^{x_2} p_2(x)\,dx = \frac{h}{3}(y_0 + 4y_1 + y_2) \tag{3.63}$$

[11]Thomas Simpson (* 20.8.1710 in Market Bosworth, Leicestershire – † 14.5.1761) war ein englischer Mathematiker. Aus einfachen Verhältnissen stammend – sein Vater war Weber – brachte er sich Mathematik selbst bei. Er arbeitet zuerst als Mathematiklehrer in Derby, musste aber fliehen, weil er im Astrologieunterricht als Teufel verkleidet ein Mädchen verängstigt hatte. Später war er Lehrer an der Royal Military Academy in London. Bekannt ist er durch nach ihm benannte Quadraturformel, die eigentlich in einer einfacheren Variante 1615 von Johannes Kepler als Keplersche Fassregel aufgestellt worden war, und auch auf Erkenntnissen Newtons basierte. Er beschäftigte sich auch mit Wahrscheinlichkeitsrechnung.

[12]Johannes Kepler (* 27. 12. 1571$^{\text{jul.}}$ in Weil der Stadt – † 15.11. 1630$^{\text{greg.}}$ in Regensburg), deutscher Astronom, Astrologe, Mathematiker, Physiker und Naturphilosoph, war zuerst in Graz als Mathematiklehrer tätig und wurde später von Kaiser Rudolph II als Hofastronom Nachfolger von Tycho Brahe. Neben seiner Tätigkeit als Astrologe, er sagte den Tod von Wallenstein im Jahr 1534 voraus, vertrat er als Astronom das kopernikanische Weltbild, das zu dieser Zeit noch vehement von Kirche und den Landständen bekämpft wurde. Aufgrund von Beobachtungen konnte er es wesentlich mittels physikalischer Gesetze verbessern und die Ellipsenbahnen als Modell einführen. Innerhalb der Mathematik entwickelter er die Logarithmentafel entscheidend mit, und hatte die Bedeutung des Logarithmus schon vor Napier erkannt, allerdings erst später veröffentlicht. Außerdem entwickelte er die nach ihm benannte Keplersche Fassregel zur Volumenberechnung, die schließlich Eingang in die numerische Mathematik zur Integralberechnung fand.

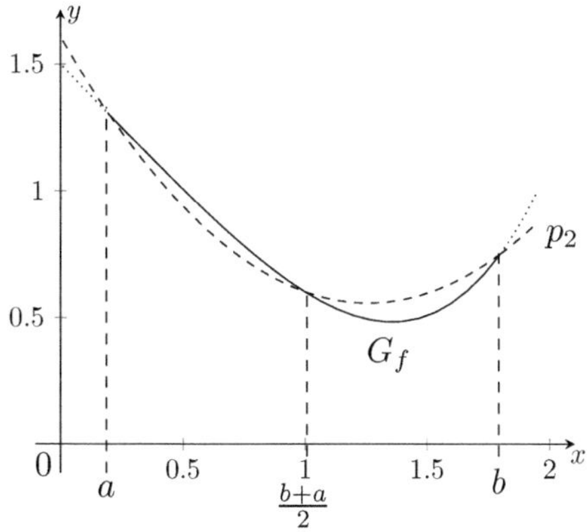

Abbildung 3.8: Beispiel Keplersche Fassregel

Zur Verbesserung der Näherung wählen wir nun $n = 2m$, $m > 1$, als gerade Anzahl der Zerlegungen des Integrationsintervalls $[a, b]$. Auf jedem Teilintervall $[x_{2k}, x_{2k+2}]$, $k = 0, \ldots, n-1$, der Länge $2h = \frac{b-a}{m}$ wählen wir das eindeutige Interpolationspolynom $p_{2,k}$ zweiten Grades gemäß

$$p_{2,k}(x) = y_{2k} + \frac{\Delta y_{2k}}{h}(x - x_{2k}) + \frac{\Delta^2 y_{2k}}{2h^2}(x - x_{2k})(x - x_{2k+2}) \quad (3.64)$$

Bestimmt man (3.64) für jedes Teilintervall des Intervalls $[x_0, x_n] = [a, b]$, erhält man durch Summieren und Integrieren den zugehörigen Quadraturwert $Q_n(f)$ (die *Simpsonregel*) und den Rest $R_n(f)$

$$\int_a^b f(x)\ dx = \sum_{k=0}^{n-1} \int_{x_{2k}}^{x_{2k+2}} f(x)\, dx = Q_n(f) + R_n(f)$$

Definition 3.2.6. *(Simpsonregel)*
Seien $f : [a, b] \to \mathbb{R}$, eine Unterteilung von $[a, b]$ wie in (3.46), mit $n = 2m$, $m \in \mathbb{N}$, $2h = \frac{b-a}{m}$ und das Integral

$$\int_a^b f(x)\, dx = \int_{x_0}^{x_{2m}} f(x)\, dx = Q_n(f) + R_n(f)$$

gegeben. Dann wird der zugehörige Quadraturwert

$$Q_n(f) = \frac{h}{3} \sum_{k=0}^{n-1} (y_{2k} + 4y_{2k+1} + y_{2k+2}) \quad (3.65)$$

die **Simpsonregel** *genannt.*

Da wir ja mit der quadratischen Interpolation der Simpsonregel die Approximation verbessern wollten, müssen wir uns nun dem Integrationsfehler $R_n(f) = \sum_{k=0}^{n-1} R_{2k}(f)$ widmen, dessen Eigenschaften sich als erstaunlich herausstellen:
Wir wählen ein $\tilde{x} \in]x_{2k}, x_{2k+2}[$ mit $\tilde{x} \neq x_{2k+1}$. Nun sei $p_{3,k}$ das Interpolationspolynom dritten Grades an den Stützstellen $x_{2k}, x_{2k+1}, x_{2k+2}, \tilde{x}$. Dann gilt mit der Notation aus Definition 3.1.4

$$p_{3,k}(x) = p_{2,k}(x) + [\tilde{x}x_{2k}x_{2k+1}x_{2k+2}](x - x_{2k})(x - x_{2k+1})(x - x_{2k+2}) \tag{3.66}$$

Da der zweite Summand in (3.66) aber bei der Integration entfällt, der Fehlerwert also gleich Null ist,

$$\int_{x_{2k}}^{x_{2k+2}} (x - x_{2k})(x - x_{2k+1})(x - x_{2k+2})\, dx = 0$$

gilt folglich

$$\int_{x_{2k}}^{x_{2k+2}} p_{3,k}(x)\, dx = \int_{x_{2k}}^{x_{2k+2}} p_{2,k}(x)\, dx \tag{3.67}$$

Bemerkung 3.2.5.
Nach (3.67) integriert die Simpsonregel das interpolierende Polynom dritten Grades $p_{3,k}$ exakt.

Um also den Fehlerwert korrekt ermitteln zu können, wenden wir uns nun einer Funktion $f \in C^4([a,b])$ zu, da deren Darstellung für die Taylorapproximation mittels Taylorpolynom dritten Grades unser Problem lösen wird, denn für $f \in C^4([a,b])$ folgt die Taylorapproximation:

$$T_{f,\tilde{x}}(x) = p_{3,k}(x) + \frac{f^{(4)}(\xi_{2k})}{4!}(x - x_{2k})(x - x_{2k+1})(x - x_{2k+2})(x - \tilde{x}) \tag{3.68}$$

Ausführen der Integration über dem Teilintervall $[x_{2k}, x_{2k+2}]$

$$I_{2k} = \int_{x_{2k}}^{x_{2k+2}} f(x)\, dx = \int_{x_{2k}}^{x_{2k+2}} T_{f,\tilde{x}}(x)\, dx \tag{3.69}$$

und Anwenden von (3.67) ergibt

$$\begin{aligned} I_{2k} = &\int_{x_{2k}}^{x_{2k+2}} p_{2,k}(x)\, dx \\ &+ \int_{x_{2k}}^{x_{2k+2}} \frac{f^{(4)}(\xi_{2k})}{4!}(x - x_{2k})(x - x_{2k+1})(x - x_{2k+2})(x - \tilde{x})\, dx \\ = &\frac{h}{3}(y_{2k} + 4y_{2k+1} + y_{2k+2}) + R_{2k}(f). \end{aligned}$$

Bemerkung 3.2.6.
Der Fehler der Simpsonregel über dem Teilintervall $[x_{2k}, x_{2k+2}]$

$$R_{2k}(f) = I_{2k} - \frac{h}{3}(y_{2k} + 4y_{2k+1} + y_{2k+2})$$

hängt nicht von der Stützstelle $\tilde{x}$ *ab.*

Aufgrund von Bemerkung 3.2.6 können wir nun bedenkenlos den Grenzfall $\tilde{x} \to x_{2k+2}$ betrachten und erhalten:

$$R_{2k}(f) = \frac{1}{4!}\int_{x_{2k}}^{x_{2k+2}} \Big(f^{(4)}(\xi_{2k})(x - x_{2k})(x - x_{2k+1})^2(x - x_{2k+2})\Big)\, dx \tag{3.70}$$

Für den Integranden in (3.70) gilt sodann

$$\forall\, x \in [x_{2k}, x_{2k+2}] : \ (x - x_{2k})(x - x_{2k+1})^2(x - x_{2k+2}) \leq 0,$$

und man kann erneut den Mittelwertsatz der Integralrechnung anwenden, was auf den Fehlerwert je Teilintervall führt:

$$\begin{aligned} R_{2k} &= \frac{1}{4!} f^{(4)}(\tilde{\xi}_{2k}) \int_{x_{2k}}^{x_{2k+2}} (x - x_{2k})(x - x_{2k+1})^2(x - x_{2k+2})\, dx \qquad (3.71)\\ &= -\frac{h^5}{90} f^{(4)}(\tilde{\xi}_{2k}) \end{aligned}$$

Über die Summation erhält man damit den **Fehlerwert der Simpsonregel**:

$$R_n(f) = -\frac{h^4}{180} f^{(4)}(\xi)(x_n - x_0), \quad \text{für geeignetes } \xi \in]x_0, x_n[\tag{3.72}$$

Beispiel 3.2.4. *(Simpsonregel)*
Mit Hilfe der Simpsonregel soll, wie schon in den vorigen Beispielen, das folgende Integral berechnet werden.

$$\int_2^3 f(x)\, dx = \int_2^3 \frac{1}{\ln(x)}\, dx = Q_n(f) + R_n(f) \tag{3.73}$$

Als Stützstellen werden wieder die Werte $x_0 = 2$, $x_1 = 2.5$ *und* $x_2 = 3$ *angesetzt, womit sich mit* $n = 2$, $h = \frac{3-2}{2}$ *und den Funktionswerten*

$$y_0 = f(x_0) = \frac{1}{\ln(2)}\,,\ y_1 = f(x_1) = \frac{1}{\ln(2.5)}\,,\ y_2 = f(x_2) = \frac{1}{\ln(3)}$$

als Näherung für den Wert von (3.73) der Quadraturwert berechnet:

$$Q_2(f) = \frac{(3-2)}{2\cdot 3}\cdot\left(\frac{1}{\ln(2)}+\frac{4}{\ln(2.5)}+\frac{1}{\ln(3)}\right)\approx 1.119726\ldots \tag{3.74}$$

Für den Fehlerterm benötigt man jetzt die vierte Ableitung von f

$$f^{(4)}(x) = \frac{2\cdot\left(12+18\cdot\ln(x)+11\cdot\ln(x)^2+3\cdot\ln(x)^3\right)}{x^4\cdot\ln(x)^5}$$

und da auf $[2,3]$ $f^{(5)}(x)<0$ *gilt, nimmt* $f^{(4)}(x)$ *ihr Maximum bei* $x_0 = 2$ *an, woraus die Fehlerabschätzung folgt:*

$$|R_2(f)| \le \frac{(3-2)^4}{180}\cdot f^{(4)}(2)\cdot(3-2)\approx 0.00834\ldots \tag{3.75}$$

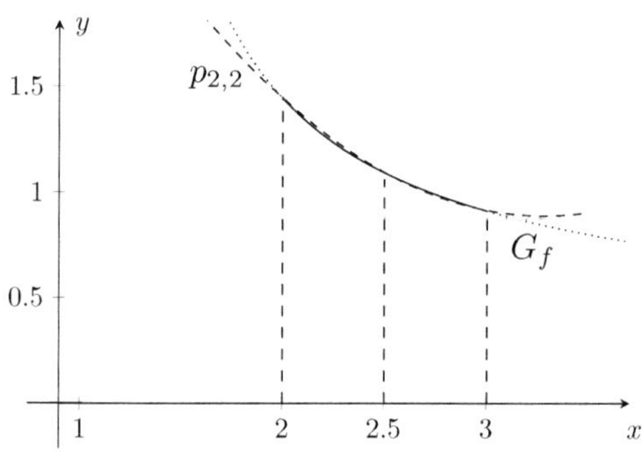

Abbildung 3.9: Simpsonregel für $\int_2^3 f(x)\,dx = \int_2^3 \frac{dx}{\ln(x)}$

Bemerkung 3.2.7.
Von allen bisherigen Methoden, mit denen wir das Integral

$$\int_2^3 \frac{1}{\ln(x)}\,dx$$

in den vorangegangenen Beispielen berechnet haben, ist die Anwendung der Simpsonregel mit Ihrer Fehlerordnung $\mathcal{O}(h^4)$ *die genaueste.*

Bemerkung 3.2.8. *(Newton–$\frac{3}{8}$-Regel)*
Die Festlegung $n = 2m$ für die Simpsonregel war exemplarisch und kann natürlich auch erweitert werden zu z. B. $n = 3m$. In ähnlicher Form erhält man dann:

$$\int_{x_0}^{x_{3m}} f(x)\,dx = \frac{3h}{8}\Big(y_0 + 3y_1 + 3y_2 + 2y_3 + 3y_4 + \ldots + 3y_{3m-1} + y_{3m}\Big) + R_n(f) \tag{3.76}$$

mit dem Fehlerwert

$$R_n(f) = -\frac{h^4}{80} f^{(4)}(\xi)(x_n - x_0), \quad \textit{für geeignetes } \xi \in]x_0, x_n[\tag{3.77}$$

Diese Regel wird als **Newton–$\frac{3}{8}$-Regel** *bezeichnet.*

Bemerkung 3.2.9. *(Newton-Cotes-Formeln)*
Insgesamt zählt man Sehnentrapez, Tangententrapez-, Simpson- und die Newton–$\frac{3}{8}$-Regel zu den sogenannten **Newton-Cotes-Formeln**. *Wobei man die hier angegebene Reihe dieser Regeln natürlich beliebig fortsetzen kann.*

Bemerkung 3.2.10. *(Erweiterung der Simpsonregel)*
Wir wollen noch anführen, dass man auch eine Quadraturformel erstellen kann, selbst wenn eine Stützstelle außerhalb des Integrationsintervall gewählt ist.
Hierzu seien $f : [a,b] \to \mathbb{R}$, $[a,b] = [x_0, x_2]$ und $x_1 = \frac{1}{2}(x_2 + x_0)$ der Mittelpunkt des Intervalls. Wir wählen erneut ein interpolierendes Polynom p_2 vom Grad 2 mit $p_2(x_k) = y_k = f(x_k)$, $k = 0, 1, 2$.
Als Aufgabe soll über das Intervall $[x_0, x_1]$ integriert werden.

$$\int_{x_0}^{x_1} f(x)\,dx = \int_{x_0}^{x_1} p_2(x)\,dx + R(f)$$

Ausführen der Integration liefert den zugehörigen Quadraturwert

$$Q(f) = \int_{x_0}^{x_1} p_2(x)\,dx = \frac{h}{12}(5y_0 + 8y_1 - y_2) \tag{3.78}$$

Zur Berechnung des Fehlerwerts $R(f)$ hat auch in diesem Fall der erweiterten Simpsonregel die Integration des Restgliedes

$$r(x) = \frac{f''(\xi)}{3!}(x - x_0)(x - x_1)(x - x_2) \text{ mit geeignetem } \xi \in]x_0, x_2[$$

zu erfolgen, und vergleichbar zur Simpsonregel wird man einen Fehlerwert der Ordnung $\mathcal{O}(h^4)$ erhalten.

Zusammenfassung

Bevor wir zu weiteren Methoden der Quadratur kommen, z. B. den *Euler-McLaurin-Formeln*, fassen wir die bisherigen Quadraturformeln noch einmal bezüglich der Genauigkeit der Näherung zusammen.

Da der Fehlerwert $R_n(f)$ der jeweiligen Quadratur die Genauigkeit der Näherung bestimmt, bietet sich zum Vergleich als kompakte Darstellung des Integrationsfehlers $R_n(f)$ das Landau-Symbol an, denn $R_n(f)$ ist immer von der Schrittweite h abhängig.
Für die verschiedenen Regeln ergeben sich die folgenden Fehlerordnungen[13]

Rechteckmethoden:	$\lvert \int_a^b f(x)\,dx - Q_{Re}(f)\rvert$	$= \mathcal{O}(h)$
Sehnentrapezregel:	$\lvert \int_a^b f(x)\,dx - Q_{Se}(f)\rvert$	$= \mathcal{O}(h^2)$
Tangententrapezregel:	$\lvert \int_a^b f(x)\,dx - Q_{Tr}(f)\rvert$	$= \mathcal{O}(h^2)$
Simpsonregel:	$\lvert \int_a^b f(x)\,dx - Q_{Si}(f)\rvert$	$= \mathcal{O}(h^4)$
Newton-$\frac{3}{8}$-Regel:	$\lvert \int_a^b f(x)\,dx - Q_{Ne}(f)\rvert$	$= \mathcal{O}(h^4)$

[13] Abkürzungen für die Quadrtaturwerte: Q_{Se} : Sehnentrapezregel, Q_{Tr} : Tangententrapezregel, Q_{Si} : Simpsonregel, Q_{Ne} Newton-$\frac{3}{8}$-Regel

3.2.5 Kurzfragen zum Verständnis

1. Bei einer monoton steigenden Funktion ist die Linkspunktmethode zur Quadratur mit der Untersumme beim Riemann-Integral identisch.

   □ wahr □ falsch

2. Der Integrationsfehler bei der Tangententrapezregel ist i. A. kleiner als bei der Sehnentrapezregel

   □ wahr □ falsch

3. Der Integrationsfehler eines Polynoms dritten Grades ist bei der Simpsonregel kleiner als ϵ für jedes $\epsilon > 0$.

   □ wahr □ falsch

4. Die Simpsonregel ist eine Erweiterung der Keplerschen Fassregel.

   □ wahr □ falsch

5. Die Abschätzung des Quadraturfehlers liefert bei der $\frac{3}{8}$-Formel einen besseren Wert als bei der Simpsonregel bei gleicher Schrittweite und identischen Stützstellen.

   □ wahr □ falsch

6. Der Quadraturfehler ist bei der Linkspunkt bzw. Rechtspunktmethode am größten.

   □ wahr □ falsch

3.2.6 Übungen

Lösungsvideos zu den Übungen können auf www.lsgn24h.de über die Eingabe des Lösungscodes abgerufen werden.
Kl A:

1. Rechnen Sie (3.43) nach.

   (Lösungscode: SB05NQ1A001)

2. Gegeben sei die Funktion $f : [0,1] \longrightarrow \mathbb{R}$, $f(x) = \sqrt{1 - x^3}$. Unterteilen Sie das Intervall in 4 äquidistante Teilintervalle. Verwenden Sie zur Integration von

   $$\int_0^1 f(x)\,dx$$

   (a) die Rechteckmethoden und schätzen Sie den maximalen Fehler ab.

   (Lösungscode: SB05NQ1A002)

   (b) die Sehnentrapezregel und schätzen Sie den maximalen Fehler ab.

   (Lösungscode: SB05NQ1A003)

   (c) die Simpsonregel und schätzen Sie den maximalen Fehler ab.

   (Lösungscode: SB05NQ1A004)

3. Integrieren Sie

   $$\int_1^2 \frac{dx}{x}$$

   (a) exakt.

   (Lösungscode: SB05NQ1A005)

   (b) mit den Rechteckmethoden.

   (Lösungscode: SB05NQ1A006)

(c) mit der Sehnentrapezregel für

i. $n = 1$

ii. $n = 3$

iii. $n = 6$

und vergleichen Sie die Ergebnisse mit dem exakten Ergebnis.

(Lösungscode: SB05NQ1A007)

Kl B:

1. Rechnen Sie (3.71) nach.

   (Lösungscode: SB05NQ1B001)

2. Berechnen Sie den Fehlerwert zu (3.78).

   (Lösungscode: SB05NQ1B002)

3. Zeigen Sie, dass im Fall $f(a) = f(b)$ die Linkspunkt- und Rechtspunktmethode mit dem Mittelpunktverfahren für eine feste Schrittweite übereinstimmt.

   (Lösungscode: SB05NQ1B003)

4. Zeigen Sie, dass für festes n der Mittelwert von Links- und Rechtspunktmethode mit der Sehnentrapezregel übereinstimmt.

   (Lösungscode: SB05NQ1B004)

5. Integrieren Sie
$$\int_1^2 \frac{dx}{x}$$
   mit der Simpsonregel für

   (a) $2n = 2$.

   (b) $2n = 4$.

   (c) $2n = 6$.

   und vergleichen Sie die Ergebnisse mit dem exakten Ergebnis.

   (Lösungscode: SB05NQ1B005)

Kl C:

1. Weisen Sie Gleichung (3.49) nach.

   (Lösungscode: SB05NQ1C001)

2. Es sei $f(x) = ax^2 + bx + c$ gegeben.

   (a) Zeigen Sie für $h > 0$:

   $$\int_{-h}^{h} f(x)\,dx = \frac{h}{3}(f(-h) + 3f(0) + f(h))$$

   (Bemerkung: Die Formel wird Prismoidal-Formel genannt und war bereits den Griechen bekannt.)

   (Lösungscode: SB05NQ1C002)

   (b) Sei nun zusätzlich $x_0 \in \mathbb{R}$. Weisen Sie für $h > 0$ nach:

   $$\int_{x_0-h}^{x_0+h} f(x)\,dx = \frac{h}{3}\left(f(x_0 - h) + 3f(x_0) + f(x_0 + h)\right)$$

   (Lösungscode: SB05NQ1C003)

3. Weisen Sie direkt nach (ohne Verwendung von 3.67) Ist $f \in \mathbb{P}_3$ so gilt für die Simpson-Methode $R(f) = 0$.

   (Lösungscode: SB05NQ1C004)

4. Beweisen Sie Satz 3.2.1

   (Lösungscode: SB05NQ1C005)

Kl D:

Es sei $f \in C^1([0,n])$ mit $n \in \mathbb{N}$.

1. Zeigen Sie:

$$\sum_{m=0}^{n} f(n) = \int_0^n f(t)dt + \sum_{m=1}^{n} \int_{m-1}^{m} \left(x - m + \frac{1}{2}\right) f'(x)\, dx.$$

(Lösungscode: SB05NQ1D001)

2. Mit 1. weisen Sie die Existenz der Eulerschen Konstanten C nach:

$$C = \lim_{n\to\infty} \left(\sum_{m=1}^{n} \left(\frac{1}{m} - \ln(n) \right) \right)$$

(Lösungscode: SB05NQ1D002)

3. Zeigen Sie:

$$C = \frac{1}{2} - \int_0^\infty \left(\frac{x - [x] - \frac{1}{2}}{(1+x)^2} \right) dx$$

(Lösungscode: SB05NQ1D003)

3.3 Approximation in Prae-Hilberträumen

Im vorhergehenden Abschnitt haben wir aus einer Menge von vorgegebenen Punktepaaren $(x_0, y_0), \ldots, (x_n, y_n)$, $x_i \neq x_j$ für $i \neq j$ in eindeutiger Weise ein Polynom n-ten Grades p mit der Eigenschaft $p(x_i) = y_i$ gefunden, welches unsere zu integrierende Funktion $f : [a, b] \to \mathbb{R}$ approximierte.
Für den zweiten Teil der Quadratur, welcher sich diesem Kapitel anschließt, benötigen wir zur Vorbereitung z. B. der Euler-MacLaurin-Methode oder auch der Quadratur nach Gauß noch „Bausteine" für die Approximation, die eine besondere geometrische Form besitzen. Dazu kehren wir zu den euklidischen Vektorräumen zurück (siehe [SM02]).
Da es sich bei den gesuchten „Bausteinen" um besondere Polynome handeln wird, betrachten wir zuerst allgemein den Vektorraum V der stetigen Funktionen auf einem festen Intervall $[a, b]$ (siehe [SM02], [SM04]). Für diesen Vektorraum notiert man auch $V = C([a, b])$. Die Besonderheit besteht nun darin, dass man auf V ein Skalarprodukt und damit eine Norm festlegen kann, nämlich:

Definitionen 3.3.1. *(Skalarprodukt und Norm auf $C([a, b])$)*
Seien $f, g \in C([a, b]) = V$ reelle Funktionen. Dann definiert

$$\begin{aligned} \langle .\,, .\rangle : V \times V &\longrightarrow \mathbb{R} \\ (f, g) &\longmapsto \langle f, g\rangle := \int_a^b f(x)g(x)dx \end{aligned} \tag{3.79}$$

ein **Skalarprodukt** *auf dem Vektorraum V, der auf dem Intervall $[a, b]$ stetigen Funktionen und*

$$\begin{aligned} \|.\| : V &\longrightarrow \mathbb{R} \\ f &\longmapsto \|f\| = \sqrt{\langle f, f\rangle} = \sqrt{\int_a^b (f(x))^2 dx} \end{aligned} \tag{3.80}$$

definiert eine **Norm** *auf $V = C([a, b])$.*

Mit Hilfe des Skalarproduktes (3.79) und der Norm (3.80) als Abstandsbegriff, können wir im Folgenden die Frage der Approximation einer Funktion durch eine andere allgemein beantworten.
Dieses wird besonders dann interessant, wenn wir als approximierende Funktionen mit trigonometrischen Funktionen zu tun haben werden.

3.3.1 Proximum und Normalengleichungen

Um bei den Argumentationen in diesem Abschnitt nicht andauernd von einem durch ein Skalarprodukt normierten Vektorraum sprechen zu müssen, beginnen wir mit der Definition des zugehörigen Begriffes.

Definition 3.3.2. *(Prae-Hilbertraum)*
Gegeben sei ein euklidischer Vektorraum $(V, \langle \cdot, \cdot \rangle)$. Definiert man die übliche Norm für $\vec{x} \in V$ durch $\|\vec{x}\| = \sqrt{\langle \vec{x}, \vec{x} \rangle}$, so nennt man das Paar $(V, \| \cdot \|)$ einen **Prae-Hilbertraum**[14]

Damit eine Approximation erfolgreich sein kann, muss sichergestellt sein, dass man in einem vorgegebenen Vektorraum stetiger Funktionen auch eine Funktion finden kann, welche bezüglich eines Abstandsbegriffes minimal sein wird.

Definition 3.3.3. *(Proximum)*
Seien $(V, \|\cdot\|)$ ein Prae-Hilbertraum und $U \subset V$ ein endlich-dimensionaler Teilraum. Existiert zu einem $\vec{x} \in V$ ein $\vec{u} \in U$, so dass

$$\mathcal{D}(\vec{x}) = \inf\{\|\vec{x} - \vec{w}\|; \vec{w} \in U\} = \|\vec{x} - \vec{u}\|$$

so nennt man $\vec{u}$ ein **Proximum** *von $\vec{x}$ in U.*

Bemerkung 3.3.1.
Im Folgenden ist $(V, \| \cdot \|)$ ein Prae-Hilbertraum und $U \subset V$ ein endliche-dimensionaler Unterraum.

Unsere Aufgabe besteht nun darin, ein mögliches Proximum zu finden. Dafür beginnen wir mit der grundsätzlichen Betrachtung der Existenz eines Proximums. Klar ist die eindeutige Existenz im Fall $\vec{x} \in U$, weshalb wir für die Existenz und die Eindeutigkeit immer $\vec{x} \notin U$ betrachten werden.

Satz 3.3.1.
Ein Element $\vec{u} \subset U$ ist genau dann ein Proximum an $\vec{x} \in V$, wenn $\langle \vec{x} - \vec{u}, \vec{w} \rangle = 0$, für alle $\vec{w} \in U$ gilt.

[14] David Hilbert (* 23.1.1862 in Königsberg - † 14.2.1943 in Göttingen) war ein deutscher Mathematiker und Hochschullehrer. Er gilt als einer der bedeutendsten Mathematiker der Neuzeit.

Bevor wir zum Beweis von Satz 3.3.1 kommen, soll die folgende Abbildung 3.10 die Idee des Proximums im $\mathbb{R}^3$ veranschaulichen.

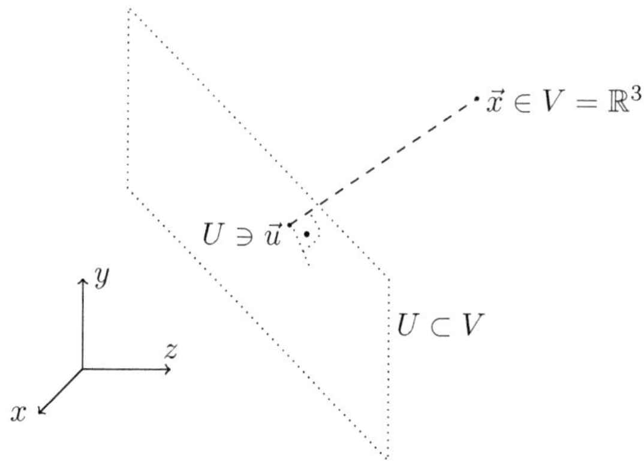

Abbildung 3.10: Das Proximum $\vec{u} \in U$ zu $\vec{x} \in V = \mathbb{R}^3$

Beweis. (zu Satz 3.3.1)

"⇒" Zuerst sei $\vec{u}$ ein Proximum von $\vec{v}$ an U. Angenommen, es existiert ein $\vec{w}_0 \in U$ mit $\langle \vec{x} - \vec{u}, \vec{w}_0 \rangle = c \neq 0$. Dann ist insbesondere $\vec{w}_0 \neq \vec{0}$ und wir können ein $\vec{w}$ im Unterraum U finden, mit

$$\vec{w} = \vec{u} + \frac{\vec{w}_0}{\|\vec{w}_0\|^2} \in U$$

Dann gilt jedoch für den Abstand von $\vec{w}$ zu $\vec{x}$:

$$\begin{aligned} \|\vec{x} - \vec{w}\|^2 =& \langle \vec{x} - \vec{w}, \vec{x} - \vec{w} \rangle \\ =& \langle \vec{x} - \vec{u}, \vec{x} - \vec{u} \rangle - \frac{c}{\|\vec{w}_0\|^2} \langle \vec{w}_0, \vec{x} - \vec{u} \rangle \\ & - \frac{c}{\|\vec{w}_0\|^2} \langle \vec{x} - \vec{u}, \vec{w}_0 \rangle + c^2 \frac{1}{\|\vec{w}_0\|^2} \end{aligned} \tag{3.81}$$

und es muss für den Abstand $\vec{x}$ zu $\vec{w}_0$ folgen, mit $\langle \vec{x} - \vec{u}, \vec{w}_0 \rangle = c$,

$$\|\vec{x} - \vec{w}_0\|^2 = \|\vec{x} - \vec{u}\|^2 - \frac{c^2}{\|\vec{w}_0\|^2} \;\Rightarrow\; \|\vec{x} - \vec{w}_0\| < \|\vec{x} - \vec{u}\|\,,$$

was ein Widerspruch zur Proximumseigenschaft von $\vec{u}$ ist.

"$\Leftarrow$" Es gelte $\langle \vec{x} - \vec{u}, \vec{w} \rangle = 0$ für alle $\vec{w} \in U$. Wir setzen $\vec{w}_0 = \vec{u} - \vec{w} \in U$ zu gegebenem $\vec{w} \in U$. Dann ist

$$\begin{aligned} \|\vec{x} - \vec{w}\|^2 &= \langle \vec{x} - \vec{w}, \vec{x} - \vec{w} \rangle = \langle (\vec{x} - \vec{u}) - \vec{w}_0, (\vec{x} - \vec{u}) - \vec{w}_0 \rangle \\ &= \langle \vec{x} - \vec{u}, \vec{x} - \vec{u} \rangle + \langle \vec{w}_0, \vec{w}_0 \rangle = \|\vec{x} - \vec{u}\|^2 + \|\vec{w}_0\| \end{aligned}$$

Damit folgt $\|\vec{x} - \vec{u}\| \leq \|\vec{x} - \vec{w}\|$ für alle $\vec{w} \in U$ und $\vec{u}$ ist Proximum.

□

Korollar 3.3.1.
Ist $\vec{u} \in U$ ein Proximum an $\vec{x} \in V$, so gilt

$$\|\vec{x} - \vec{u}\|^2 = \langle \vec{x} - \vec{u}, \vec{x} - \vec{u} \rangle = \|\vec{x}\|^2 - \|\vec{u}\|^2$$

Beweis.
Nach Satz 3.3.1 folgt

$$\begin{aligned} \|\vec{x}\|^2 &= \langle (\vec{x} - \vec{u}) + \vec{u}, (\vec{x} - \vec{u}) + \vec{u} \rangle \\ &= \langle (\vec{x} - \vec{u}), (\vec{x} - \vec{u}) \rangle + \langle \vec{u}, \vec{u} \rangle = \|\vec{u} - \vec{x}\|^2 + \|\vec{u}\|^2. \end{aligned}$$

□

Wir werden bald sehen, dass in Prae-Hilberträumen das Proximum eindeutig festgelegt ist. Aber zuerst wollen wir ein für das weitere Vorgehen wichtiges Hilfsmittel herleiten, die **Normalengleichungen**.

Da $U \subset V$ ein endlich dimensionaler Unterraum von V ist, existiert eine Basis $\{\vec{u}_1, \ldots, \vec{u}_n\}$ für U und wir können $U = \text{span}(\vec{u}_1, \ldots, \vec{u}_n)$ schreiben.
Für ein Proximum gilt dann $\vec{u} = \alpha_1 \vec{u}_1 + \ldots + \alpha_n \vec{u}_n$, $\alpha_i \in \mathbb{R}$, $i = 1, \ldots, n$.

Aus Satz 3.3.1 ergibt sich $\langle \vec{x} - \vec{u}, \vec{w} \rangle = 0$ für alle $\vec{w} \in U$, also auch sukzessive für $\vec{w} = \vec{u}_k$ $(1 \leq k \leq n)$. Damit erhalten wir $\vec{\alpha} = (\alpha_1, \ldots, \alpha_n)$ als Lösung der Gleichungen (Normalengleichungen)

$$\left\langle \vec{x} - \sum_{j=1}^{n} \alpha_j \vec{u}_j, \vec{u}_k \right\rangle = 0, \quad \text{für } 1 \leq k \leq n \tag{3.82}$$

Oder anders ausgedrückt:

Satz und Definition 3.3.2. *(Normalengleichungen)*
Seien V ein $\mathbb{K}$-Vektorraum und $U \subset V$ ein endlich dimensionaler Unterraum mit Basis $\{\vec{u}_1, \ldots, \vec{u}_n\}$. Dann erfüllen für ein Proximum $\vec{u} \in U$ zu $\vec{x} \in V$ die Koeffizienten $\alpha_1, \ldots, \alpha_n \in \mathbb{R}$ in

$$\vec{u} = \alpha_1 \vec{u}_1 + \ldots + \alpha_n \vec{u}_n$$

die **Normalengleichungen**

$$\sum_{j=1}^{n} \alpha_j \langle \vec{u}_j, \vec{u}_k \rangle = \langle \vec{x}, \vec{u}_k \rangle, \quad \textit{für } 1 \leq k \leq n \tag{3.83}$$

Da wir sie jetzt vorliegen haben, können wir die Normalengleichungen (3.83) auch noch kompakter darstellen.

Bemerkungen 3.3.2.

- *Setzt man*

  $$\mathcal{A} = (\langle \vec{u}_j, \vec{u}_k \rangle)_{j,k=1,\ldots,n} \quad \textit{und} \quad \vec{b} = (\langle \vec{x}, \vec{u}_k \rangle)^T_{k=1,\ldots,n}$$

  Dann ist $\vec{b} \in \mathbb{R}^n$, $\mathcal{A}$ eine invertierbare $(n \times n)$-Matrix ([SM02]) und man kann mit

  $$\vec{\alpha} = (\alpha_1, \ldots, \alpha_n)^T$$

  die Normalengleichungen in der **Matrixdarstellung**

  $$\mathcal{A} \cdot \vec{\alpha} = \vec{b} \tag{3.84}$$

  schreiben.

- *Die Lösung $\vec{\alpha}$ der Normalengleichungen (3.83) existiert und ist zudem eindeutig.*

Der Vorteil der Normalengleichungen besteht darin, dass man mit Ihrer Hilfe das Proximum sehr einfach bestimmen kann und ebenso einfach lässt sich dann auch der Abstand $\|\vec{x} - \vec{u}\|$ berechnen.
Zuerst ermittelt man zum Proximum $\vec{u} \in U$ zu $\vec{x} \in V$ dessen **Normquadrat**

$$\|\vec{u}\|^2 = \langle \vec{u} - \vec{x} + \vec{x}, \vec{u} \rangle = \langle \vec{u} - \vec{x}, \vec{u} \rangle + \langle \vec{x}, \vec{u} \rangle \overset{\text{Satz3.3.1}}{=} \langle \vec{x}, \vec{u} \rangle \tag{3.85}$$

nach Korollar 3.3.1 folgt dann für das Quadrat des gesuchten Abstands

$$\|\vec{x} - \vec{u}\|^2 = \|\vec{x}\|^2 - \langle \vec{x}, \vec{u} \rangle.$$

und damit schließlich der **Abstand des Proximums** $\vec{u}$ von $\vec{x}$:

$$\|\vec{x}-\vec{u}\| = \left(\|\vec{x}\|^2 - \sum_{j=1}^{n} \alpha_j \langle \vec{x}, \vec{u}_j \rangle\right)^{\frac{1}{2}} \tag{3.86}$$

Der Abstand des Proximums zu dem entsprechenden Element des Vektorraums wird es uns ermöglicht, eine Methode zu entwerfen, diesen Abstand zu minimieren.
Damit kommen wir zu unserer eigentlichen Zielsetzung zurück, nämlich eine Funktion, welche wir über einem Intervall integrieren wollen, durch eine andere Funktion zu ersetzen, die aus einer gegebenen Menge von speziellen Funktionen auszuwählen ist und unsere Funktion dabei am besten approximiert.
Es folgt eine für die Näherung im Prae-Hilbertraum der stetigen Funkionen wichtige Größe, die auch gleich als ein Beispiel für den Abstand zwischen Funktionen dient.

Definition 3.3.4. *(mittlere quadratische Abweichung)*
Sei $V = C([a,b])$ mit dem Skalarprodukt

$$(f,g) \ni V \times V \longmapsto \langle f,g \rangle = \int_a^b (f(x)g(x))\,dx$$

Dann ist

$$\|f\|_2 = \left(\int_a^b f(x)^2 dx\right)^{\frac{1}{2}} \tag{3.87}$$

die zugehörige Norm in dem Prae-Hilbertraum $C([a,b])$. Mittelt man über die Länge des Integrationsintervalls, so erhält man

$$\mu = \frac{\|f-g\|_2}{\sqrt{b-a}} \tag{3.88}$$

als die **mittlere quadratische Abweichung** *von f und g.*

Was uns die Suche nach einem Proximum deutlich vereinfacht, bleibt noch zu zeigen, nämlich dass ein Proximum in einem Prae-Hilbertraum immer eindeutig bestimmt ist.

Proposition 3.3.1.
Es seien V ein Prae-Hilbertraum, $\vec{x} \in V$ und $U \subset V$ ein endlich dimensionaler Unterraum. Dann ist das Proximum $\vec{u} \in U$ eindeutig bestimmt.

Beweis.
Ist $\vec{x} \in U$, so ist die Aussage klar. Seien ab jetzt $\vec{x} \notin U$ und $\vec{u}_1, \vec{u}_2 \in U$ zwei Proxima zu $\vec{x} \in V$.
Wir setzen

$$E(\vec{x}) = \inf\{\|\vec{x} - \vec{y}\|_2 \,;\, \vec{y} \in U\} = \|\vec{x} - \vec{u}_1\|_2 = \|\vec{x} - \vec{u}_2\|_2$$

Nach der Dreiecksungleichung folgt nun

$$\left\|\vec{x} - \frac{1}{2} \cdot (\vec{u}_1 + \vec{u}_2)\right\|_2 \leq \frac{1}{2} \cdot \|\vec{x} - \vec{u}_1\|_2 + \frac{1}{2} \cdot \|\vec{x} - \vec{u}_2\|_2 = E(\vec{x})$$

und somit gilt

$$\|(\vec{x} - \vec{u}_1) + (\vec{x} - \vec{u}_2)\|_2 = \|\vec{x} - \vec{u}_1\|_2 + \|\vec{x} - \vec{u}_2\|_2 \tag{3.89}$$

Da jedoch die Norm von einem Skalarprodukt induziert ist, bedeutet (3.89), dass $(\vec{x} - \vec{u}_1)$ und $(\vec{x} - \vec{u}_2)$ linear abhängig sind, also

$$(\vec{x} - \vec{u}_1) = \lambda \cdot (\vec{x} - \vec{u}_2)\ ,\ \lambda \in \mathbb{R}$$

und damit

$$(1 - \lambda) \cdot \vec{x} = (\vec{u}_1 - \lambda \cdot \vec{u}_2) \in U \tag{3.90}$$

Nun kann in (3.90) entweder $\lambda = 1$ gelten und damit $\vec{u}_1 = \vec{u}_2$ oder $\lambda \neq 1$, nur dann wäre $\vec{x} \in U$ ein Widerspruch zur Voraussetzung. □

3.3.2 Orthogonalsysteme

Bei einem Prae-Hilbertraum von Funktionen, aus welchem wir das Proximum zu einem gegebenem Integranden ermitteln wollen, führt der Abstand (3.86) auf besonders einfache Bestimmungsgleichungen, wenn man diese mit Hilfe einer Orthonormalbasis (ONB) aufstellen kann.

Hierfür kehren wir noch einmal zu den Normalengleichungen (3.83) zurück. In [SM02] hatten wir das Gram-Schmidt'sche Orthogonalisierungsverfahren kennengelernt.
Dieses ermöglicht es, eine orthonormale Basis $\{\vec{u}_1, \ldots, \vec{u}_n\}$ des Unterraums U mit folgenden Konsequenzen für die Normalengleichungen $\mathcal{A}\vec{\alpha} = \vec{b}$ (siehe (3.84)) zu wählen.

Satz 3.3.3. *(Normalengleichungen bei ONB)*
Seien die Normalengleichungen $\mathcal{A}\vec{\alpha} = \vec{b}$, *wie in (3.84), für ein Proximum* $\vec{u} \in U$ *zu einem* $\vec{x} \in V$ *gegeben, wobei in* U *eine Orthonormalbasis* $\{\vec{u}_1, \dots, \vec{u}_n\}$ *vorliegt. Dann gilt:*

1. *Die Matrix* $\mathcal{A}$ *wird zur Einheitsmatrix.*

2. *Als Lösungen der Normalengleichungen erhält man:*

$$\alpha_k = \langle \vec{x}, \vec{u}_k \rangle, \ k = 1, \dots, n \tag{3.91}$$

Da bei der Anwendung des Gram-Schmidt'schen Orthogonalisierungsverfahrens die Basisvektoren rekursiv orthonormiert werden, kann man das Verfahren auch für einen endlich dimensionalen Vektorraum U verwenden, dessen Dimension unbekannt ist.
Damit kann man ohne die bereits berechneten $\alpha_k, \ k = 1, \dots, n$ zu ändern, die Dimension von $U \subset V$ schrittweise bis zur Dimension von V erhöhen, insbesondere im Fall $\dim(V) = \infty$.

Besselsche Ungleichung

Aus (3.86) für die Darstellung von $\|\vec{x} - \vec{u}\|_2$ erhalten wir:

$$0 \leq \left(\|\vec{x}\|_2^2 - \sum_{j=1}^{n} \alpha_j \langle \vec{x}, \vec{u}_j \rangle \right)^{\frac{1}{2}}$$

Gehen wir erneut von einem Orthonormalsystem (ONS) $\{\vec{u}_1, \dots, \vec{u}_n\}$ aus, so folgt sofort:

$$\sum_{j=1}^{n} \alpha_j^2 \leq \|\vec{x}\|_2^2.$$

Diese Gleichung bleibt auch richtig wenn man sukzessive die Dimension von U vergrößert und somit aus dem endlichen ONS ein mögliches unendliches ONS $\{\vec{u}_1, \dots, \vec{u}_n, \dots\}$ macht. Dann erhält man die
Besselsche Ungleichung[15]

$$\sum_{j=1}^{\infty} \alpha_j^2 = \sum_{j=1}^{\infty} (\langle \vec{x}, \vec{u}_j \rangle)^2 \leq \|\vec{x}\|_2^2. \tag{3.92}$$

[15] Friedrich Wilhelm Bessel (* 22. Juli 1784 in Minden – † 17. März 1846 in Königsberg i. Pr.) war ein bedeutender deutscher Wissenschaftler, der wesentliche Beiträge auf den Gebiete Astronomie, Mathematik und Physik leistete. Seine Arbeitsgebiete in der Mathematik betrafen die Zahlentheorie, gewöhnlichen Differenzialgleichungen, die Statistik und die Theorie der Funktionen.

Definiert man nun für das unendliche ONS $\{\vec{u}_1, \ldots, \vec{u}_n, \ldots\}$ eine Vektorfolge, mit

$$\vec{w}_n = \sum_{j=1}^{n} \alpha_j \vec{u}_j \in U = \operatorname{span}(\vec{u}_1, \ldots, \vec{u}_n, \ldots)\,,$$

so stellt sich folgende Frage:

> Könnte die Folge von Vektoren $(\vec{w}_n)_{n\in\mathbb{N}}$ in der gegebenen Norm gegen $\vec{x}$ konvergieren, also der Fehler $\|\vec{x} - \vec{w}_n\| \to 0$ für $n \to \infty$ gegen Null streben?

Geben wir in einem Prae-Hilbertraum V ein ONS vor

$$\mathcal{O} = \{\vec{u}_1, \ldots, \vec{u}_n, \ldots\}\,,$$

das endlich oder unendlich sein kann. Dann hängt es von der Wahl des ONS in einem gegebenen Prae-Hilbertraum V ab, ob man zu jedem vorgegebenen $\vec{x} \in V$ eine Vektorfolge finden kann, welche in V bezüglich der gegebenen Norm gegen $\vec{x}$ konvergiert.

Definition 3.3.5. *(vollständiges ONS in einem Prae-Hilbertraum)*
Ein ONS $\mathcal{O} = \{\vec{u}_1, \ldots, \vec{u}_n, \ldots\}$ in einem Prae-Hilbertraum nennt man **vollständig**, *wenn zu jedem $\vec{x} \in V$ eine Folge*

$$(\vec{w}_n)_{n\in\mathbb{N}}\,,\ \vec{w}_n \in \mathit{span}(\vec{u}_1, \ldots, \vec{u}_n)\,,$$

existiert mit

$$\lim_{n\to\infty} \|\vec{x} - \vec{w}_n\|_2 = 0$$

Bemerkungen 3.3.3.

- *Ist V ein endlich dimensionaler Vektorraum, so ist jedes ONS endlich. Besitzt es die gleiche Anzahl an Vektoren wie die Dimension von V, so ist es dann automatisch vollständig und damit eine Basis von V.*

- *Für die Vollständigkeit eines ONS in V ist es notwendig und hinreichend, eine beliebig genaue Approximation von $\vec{x} \in V$ durch eine Vektorfolge finden zu können.*

- *Gilt* $\dim(V) = \infty$, *so ist jedes vollständige ONS nicht notwendig gleich einer ONB von V (siehe ℓ_2 in [SM02], [SM03]). Wir umgehen dieses Problem und betrachten nur ONS von V.*

Bleibt die Frage, unter welcher Bedingung sichergestellt sein kann, dass ein gegebenes ONS in einem Prae-Hilbertraum vollständig ist.

Vollständigkeitsrelation

Man kann die in Definition 3.3.5 formulierte Vollständigkeit eines ONS auch alternativ charakterisieren, was uns auf eine Gleichung führen wird, die oft hilfreich für das Bestimmen von vollständigen ONS ist.

Geben wir uns zuerst ein ONS von V vor

$$\mathcal{O} = \{\vec{u}_1, \ldots, \vec{u}_n, \ldots\}$$

und kreieren daraus eine Fahne (siehe [SM03]) von endlich dimensionalen Unterräumen $U_1 \subset U_2 \subset \ldots \subset U_n \subset \ldots \subset V$, mit

$$U_n = \operatorname{span}(\vec{u}_1, \ldots, \vec{u}_n)\ ,\ n \in \mathbb{N} \tag{3.93}$$

Zu einem $\vec{x} \in V$ sei eine Vektorfolge $(\vec{w}_n)_{n\in\mathbb{N}}$, so gebildet, dass ihre Folgeglieder aus je einem endlich dimensionalen Unterraum (3.93) von V gewählt sind

$$\vec{w}_n \in U_n \subset V\ ,\ n \in \mathbb{N}\,,$$

und die Folge $(\vec{w}_n)_{n\in\mathbb{N}}$ in der Norm gegen $\vec{x}$ konvergiert

$$\lim_{n\to\infty} \|\vec{x} - \vec{w}_n\|_2 = 0.$$

Weiter sei aus der Fahne von Unterräumen (3.93) eine Folge der Proxima $\left(\tilde{\vec{u}}_n\right)_{n\in\mathbb{N}}$, $\tilde{\vec{u}}_n \in U_n$, zu $\vec{x}$ gebildet. Dann ergibt sich im Vergleich automatisch:

$$\|\vec{x} - \tilde{\vec{u}}_n\|_2 \leq \|\vec{x} - \vec{w}_n\|_2 \text{ für alle } n \in \mathbb{N} \tag{3.94}$$

und nach (3.86) folgt

$$\forall\, n \in \mathbb{N}:\ \|\vec{x} - \tilde{\vec{u}}_n\|_2^2 = \|\vec{x}\|_2^2 - \sum_{j=1}^{n} \alpha_j^2. \tag{3.95}$$

Da für die rechte Seite von (3.94) $\|\vec{x} - \vec{w}_n\|_2 \to 0$ für $n \to \infty$ folgt, ergibt sich natürlich

$$\lim_{n\to\infty} \|\vec{x} - \tilde{\vec{u}}_n\|_2 = 0\ ,$$

was für (3.95) zur Konsequenz hat

$$\lim_{n\to\infty} \left(\|\vec{x}\|_2^2 - \sum_{j=1}^{n} \alpha_j^2 \right) = 0 \ \Leftrightarrow\ \|\vec{x}\|_2^2 = \sum_{j=1}^{\infty} \alpha_j^2$$

Sei nun umgekehrt

$$\lim_{n\to\infty}\left(\|\vec{x}\|_2^2 - \sum_{j=1}^{n}\alpha_j^2\right) = 0\ ,$$

so folgt

$$\lim_{n\to\infty}\|\vec{x} - \tilde{\vec{u}}_n\|_2 = 0$$

und damit abschließend die Vollständigkeit des ONS.

Bemerkung 3.3.4.
Zusammenfassend haben wir mit unseren Überlegungen die folgende Äquivalenz bewiesen

Ein ONS $\mathcal{O} = \{\vec{u}_1, \ldots, \vec{u}_n, \ldots\}$ *ist vollständig* $\Leftrightarrow \|\vec{x}\|_2^2 = \sum_{j=1}^{\infty}\alpha_j^2$.

Möchte man also ein ONS in einem Prae-Hilbertraum auf Vollständigkeit überprüfen, so lässt sich dies praktischer Weise auf die Überprüfung der Gültigkeit einer Gleichung zurückführen. Dabei wählen wir gleich einen unendlich dimensionalen Prae-Hilbertraum, da in endlich dimensionalen Räumen V mit $\dim V = n$ jede ONS $\mathcal{O} = (\vec{u}_1, \ldots, \vec{u}_n)$ eine ONB ist und dami immer vollständig ist.

Satz 3.3.4. *(Vollständigkeitsrelation, Parsevalsche Gleichung)*
Sei

$$\mathcal{O} = (\vec{u}_1, \ldots, \vec{u}_n, \ldots)$$

ein ONS in einem Prae-Hilbertraum V*, mit* $\dim(V) = \infty$. *Es ist notwendig und hinreichend für die Vollständigkeit von* $\mathcal{O}$*, wenn für alle* $\vec{x} \in V$ *und* $\alpha_j = \langle \vec{x}, \vec{u_j}\rangle$ *für* $j \in \mathbb{N}$*, die* **Vollständigkeitsrelation** *bzw. die* **Parsevalsche Gleichung** *gilt:*

$$\|\vec{x}\|_2^2 = \sum_{j=1}^{\infty}\alpha_j^2 \tag{3.96}$$

Bemerkung 3.3.5.
Der Begriff der **Vollständigkeit** *eines ONS wird in der Literatur unterschiedlich bezeichnet. Manchmal nennt man ein vollständiges ONS auch* **total** *oder* **abgeschlossen**. *Ebenso ist es mit der Parsevalschen Gleichung oder Vollständigkeitsrelation. In der russischen Literatur bezeichnet man sie auch als* **Parseval-Steklov-Gleichung**.

Wir wollen uns nun einem für unsere Zwecke wichtigen Spezialfall zuwenden: Dem Prae-Hilbertraum der Polynome $\mathbb{P}[x]$.
Es gilt daher, ein ONS in diesem Prae-Hilbertraum zu konstruieren, weil wir dieses für den zweiten Teil der numerischen Quadratur benötigen.

Die Legendre-Polynome

Unsere Aufgabe in diesem Unterabschnitt ist es, für den Raum der Polynome $\mathbb{P}_n$ höchstens n-ten Grades ein ONS zu finden, wobei wir auch hier $n \in \mathbb{N}$ beliebig wählen. D. h. wir wollen, ausgehend von den Monomen

$$g_j(t) = t^{j-1}, \; j = 1, \ldots, n \, , \; n \in \mathbb{N} \tag{3.97}$$

für $t \in [-1, 1]$ explizit ein System von Polynomen

$$L_k \in \mathbb{P}_k \, , \; k = 1, \ldots, n \, , \; n \in \mathbb{N}$$

finden, die bezüglich des Skalarproduktes

$$\langle L_k, L_j \rangle = \int_{-1}^{1} L_k(t) L_j(t) dt$$

ein ONS bilden, d. h.

$$\langle L_k, L_j \rangle = \delta_{jk} \, , \; k, j = 1, \ldots \; , \; n \in \mathbb{N}$$

Um die gewünschte Eigenschaft eines ONS (L_j) mit $L_j \in \mathbb{P}_j$ zu erhalten, ist es hinreichend , dass für die Monome $\langle L_n, g_j \rangle = 0$ für $j < n$ folgt. Denn dann gilt für alle Polynome $p_j \in \mathbb{P}_j$ $(j < n)$ auch $\langle L_n, p_j \rangle = 0$ und somit auch $\langle L_n, L_j \rangle = 0$ für $j < n$.

Der unserer Meinung nach einfachste Zugang zu den gesuchten Polynomen L_n, ist wie so oft in der Mathematik ein Ansatz, bei dem man nach geeigneten Umformungen erkennt, dass dieser zum Ziel führt.[16]
Daher schreiben wir als Ansatz für die gesuchten Polynome

$$L_n = \frac{1}{\|\varphi_n\|_2} \varphi_n \quad \text{mit} \quad \varphi_n(t) = \frac{d^n \, \psi_n(t)}{dt^n} \; (n \in \mathbb{N}_0) \, , \tag{3.98}$$

[16] Ansätze bedeuten oft, dass viele Mathematiker:innen nach dem „try and error“ Prinzip eine unschätzbare Vorarbeit geleistet haben, bis das Verständnis des bislang optimalen Ansatzes verfügbar war.

wobei die Funktionen ψ_n noch gefunden werden müssen. Zusätzlich setzt man rekursiv noch die folgenden Stammfunktionenbeziehung der ψ_n an

$$\psi_n^{(n-k)}(t) = \int_{-1}^{t} \psi_n^{(n-k+1)}(s)\, ds, \; k = 1, \ldots, n\,, \; t \in [-1, 1] \tag{3.99}$$

Dann erhält man aus (3.99) nach Ausführen der Integration den ersten Wert für die ψ_n

$$\psi_n^{(n-k)}(-1) = 0 \; (k = 1, \ldots, n)$$

Im nächsten Schritt werden wir eine Bestimmungsgleichung für die noch unbekannten Funktionen ψ_n ableiten.
Dazu betrachten wir das Skalarprodukt von $p \in \mathbb{P}_{n-1}$ mit $\psi_n^{(n)}$ und wenden n-mal die partielle Integration an, was schließlich auf folgenden Zusammenhang führt

$$\begin{aligned} \left\langle p, \psi_n^{(n)} \right\rangle &= \int_{-1}^{1} p(t)\psi_n^{(n)}(t)dt \\ &= \left[p(t)\psi_n^{(n-1)}(t) \right]_{-1}^{1} + \ldots + (-1)^{n-1} \left[p(t)^{(n-1)}(t)\psi_n(t) \right]_{-1}^{1} \end{aligned} \tag{3.100}$$

Setzt man sukzessive in (3.100) für p die einzelnen Monome an, so ergibt sich aus Orthogonalitätsforderung $\langle \varphi_n, g_j \rangle = \langle \psi_n^{(n)}, g_j \rangle = 0$, für $j = 1$ im Fall $p(t) = g_j(t) = 1$ zunächst $\psi_n^{(n-1)}(1) = 0$ und für $j = 2, \ldots, n$ erhält man die gesuchte Bedingungsgleichung

$$\sum_{k=1}^{j} (-1)^{k-1} \cdot (j-1) \cdot \ldots \cdot (j-k+1) \cdot \psi_n^{(n-k)}(1) = 0 \tag{3.101}$$

Mit Gleichung (3.101) folgt der Wert der Ableitungen von ψ_n am zweiten Rand des Intervalls bei 1

$$\psi_n^{(n-k)}(1) = 0 \; (k = 2, \ldots, n)$$

Somit besitzt ψ_n die Nullstellen $\{1, -1\}$ und kann von der Form

$$\psi_n(t) = c_n(t^2 - 1)^n$$

angenommen werden, mit einer geeigneten Konstanten $c_n \in \mathbb{R}$ für die Normierung ($n \in \mathbb{N}$). Also erhalten wir die Polynome

$$\varphi_n(t) = c_n \frac{d^n((t^2-1)^n)}{dt^n} \tag{3.102}$$

Wir dividieren die Polynome $\varphi_n(t)$, als Vorstufe zur Normierung und zur späteren Verwendung, durch den jeweiligen Leitkoeffizienten und erhalten als Zwischenergebnis Polynome, welche wir mit $\tilde{L}_n$ bezeichnen:

$$\tilde{L}_n(t) = \frac{n!}{(2n)!}\frac{d^n((t^2-1)^n)}{dt^n} = t^n + \ldots, \tag{3.103}$$

Dabei bilden die $\tilde{L}_n$ bereits ein Orthogonalsystem, müssen aber nach Voraussetzung (3.98) noch normiert werden. Für die Normierung setzen wir im Integranden die nicht normierten Funktionen $\tilde{\psi}_n(t) = (t^2-1)^n$ an, woraus sich die Normierungsforderung für das ONS ergibt:

$$\|\tilde{L}_n\|_2 = 1 \;\Rightarrow\; c_n^2 \int_{-1}^{1} |\tilde{\psi}_n(t)|^2 dt = 1 \tag{3.104}$$

Wir berechnen das Integral in (3.104) mit partieller Integration:

$$\begin{aligned}\int_{-1}^{1} (\tilde{\psi}_n^{(n)}(t))^2\, dt =& \Big[\tilde{\psi}_n^{(n-1)}(t)\tilde{\psi}_n^{(n)}(t) - \tilde{\psi}_n^{(n-2)}(t)\tilde{\psi}_n^{(n+1)}(t) + \ldots \\ &+ (-1)^{n-1}\tilde{\psi}_n(t)\tilde{\psi}_n^{(2n-1)}(t)\Big]_{-1}^{1} \\ &+ (-1)^n \int_{-1}^{1} \tilde{\psi}_n(t)\tilde{\psi}_n^{(2n)}(t)\, ds \\ =&(-1)(2n)! \int_{-1}^{1} \tilde{\psi}_n(t)\, dt\end{aligned}$$

Setzt man $I_n = \int_{-1}^{1} \tilde{\psi}_n(t)dt$, so ergibt sich die Normierungskonstante zu

$$c_n = ((-1)^n(2n)! \cdot I_n)^{-\frac{1}{2}} \tag{3.105}$$

Es bleibt in (3.105) noch das Integrals I_n zu berechnen, was erneut mit partieller Integration erfolgt und hier auf eine „Phönix aus der Asche“ Situation (siehe Beispiel 2.4.1) führt.

$$\begin{aligned} I_n =& \int_{-1}^{1} (t^2-1)^n dt = \int_{-1}^{1} t^2(t^2-1)^{n-1}dt - I_{n-1} \\ =& \left[t\frac{1}{2n}(t^2-1)^n\right]_{-1}^{1} - \frac{1}{2n}\int_{-1}^{1}(t^2-1)dt - I_{n-1} \\ =& -\frac{1}{2n}I_n - I_{n-1} \\ \Rightarrow I_n =& -\frac{2n}{2n+1}I_{n-1} = (-1)^n\frac{2n}{2n+1}\cdot\frac{2n-2}{2n-1}\cdot\ldots\cdot\frac{2}{3}\cdot I_0, \quad \text{mit } I_0 = 2\end{aligned}$$

Zusammenfassend kann man schließlich schreiben

$$I_n = (-1)^n \frac{2^n n!}{(2n+1)\cdot(2n-1)\cdot\ldots\cdot 3} \cdot 2 \tag{3.106}$$

Setzen wir das Ergebnis (3.106) in (3.105) ein, erhalten wir die Normierungskonstante

$$\begin{aligned}\|\varphi_n\|_2^{-1} = c_n &= \left((2n)! \cdot \frac{2^n n!}{(2n+1)\cdot(2n-1)\cdot\ldots\cdot 3} \cdot 2\right)^{-\frac{1}{2}} \\ &= \left(\frac{(2^n n!)^2}{2n+1} \cdot 2\right)^{-\frac{1}{2}} = \left(\frac{2n+1}{2}\right)^{\frac{1}{2}} \cdot \frac{1}{2^n n!}\end{aligned}$$

und damit das gesuchte ONS, dessen normierte Polynome jetzt auch mit L_n bezeichnet werden:

Definition 3.3.6. *(Legendre-Polynome)*
Die normierten **Legendre-Polynome**[17] *sind gegeben durch*

$$L_n(t) = \frac{1}{2^n n!}\sqrt{\frac{2n+1}{2}} \cdot \frac{d^n(t^2-1)^n}{dt^n} \in \mathbb{P}_n \ , \ n \in \mathbb{N} \tag{3.107}$$

Bemerkung 3.3.6.
Die ersten vier normierten Legendre-Polynome lauten explizit

$$\begin{aligned} L_0(t) &= \frac{1}{\sqrt{2}} , \\ L_1(t) &= \sqrt{\frac{3}{2}} \cdot t , \\ L_2(t) &= \frac{1}{2}\sqrt{\frac{5}{2}}\left(3t^2 - 1\right) , \\ L_3(t) &= \frac{1}{2}\sqrt{\frac{7}{2}}\left(5t^3 - 3t\right) , \\ &\vdots \end{aligned}$$

[17] Adrien-Marie Legendre (* 18. September 1752 in Paris – † 9. Januar 1833 ebenda) war ein französischer Mathematiker. Er begründete die Theorie der elliptischen Funktionen und inspirierte Abel und Jacobi. Er machte wesentliche Beiträge auf dem Gebiet der Zahlentheorie und der Himmelsmechanik.

Eine Minimaleigenschaft der Legendre-Polynome.

Nachdem wir nun mit den Legendre-Polynomen ein ONS im Raum der Polynome gefunden haben, wollen wir der folgenden Frage nachgehen:

Wie lautet das Proximum p aus $\mathbb{P}_{n-1}$ zum Monom $f(t) = t^n$?

Dazu sei $p = \alpha_1 g_1 + \ldots + \alpha_n g_n \in \mathbb{P}_{n-1}$ ein Proximum im Raum der Polynome vom Grad höchstens $n-1$, als Linearkombination von beliebigen Polynomen $g_i \in \mathbb{P}_{n-1}$, $i = 1, \ldots, n$. Aus den Normalgleichungen (3.82) folgt die Orthogonalität des Residuums $f - p$:

$$\langle f - (\alpha_1 g_1 + \ldots + \alpha_n g_n), g_k \rangle = 0, \ k = 1, ..., n$$

Wie wir gesehen haben, liefert die eindeutige Lösung der Normalengleichungen $\tilde{\alpha}_1, \ldots, \tilde{\alpha}_n$ gerade die unnormierten Legendre-Polynome

$$\tilde{L}_n = f - (\tilde{\alpha}_1 g_1 + \ldots + \tilde{\alpha}_n g_n)$$

und somit $p = f - \tilde{L}_n$. Dieses Resultat kann man auch als Minimaleigenschaft der Legendre-Polynome ausdrücken:

Bemerkung 3.3.7. *(Minimaleigenschaft der Legendre-Polynome)*
Die Legendre-Polynome $\tilde{L}_n$ besitzen im Intervall $[-1, 1]$ die Minimaleigenschaft $\|\tilde{L}_n\|_2 \leq \|p\|_2$ für alle Polynome $p \in P_n$ mit

$$P_n = \{p \in \mathbb{P}_n; p(t) = t^n + a_{n-1}t^{n-1} + \ldots + a_0\}$$

Damit sind es die Legendre-Polynome mit Leitkoeffizient Eins, welche z. B. die Nullfunktion $f = 0$ in der Norm $\| \cdot \|_2$ am besten approximieren.

Eigenschaften orthogonaler Polynome.

Kommen wir zum Abschluss noch zu einem Lemma und einem Satz, welche die Eigenschaften orthogonaler Polynome sehr schön charakterisieren.

Sei $\{\Psi_0, \ldots, \Psi_n\}$ in $\mathbb{P}_n$ eine Menge orthogonaler Polynome. Dann wissen wie, dass ein solches System $\{\Psi_0, \ldots, \Psi_n\}$ linear unabhängig ist (siehe [SM02]). Damit gilt das folgende Lemma sofort, da die Dimension von $\mathbb{P}_n$ genau $n + 1$ ist und somit $\{\Psi_0, \ldots, \Psi_n\}$ eine Basis des Vektorraums $\mathbb{P}_n$ darstellt.

Lemma 3.3.1.
Jedes $p \in \mathbb{P}_n$ *kann man eindeutig in jedem ONS*

$$\{\Psi_0, \ldots, \Psi_n\} \subset \mathbb{P}_n$$

darstellen.

Jedes Polynom $p \in \mathbb{P}_n$ kann bekanntlich aufgrund des Fundamentalsatz der Algebra in Linearfaktoren zerlegt werden, d. h. es gibt eine Darstellung

$$p(x) = a_n \cdot (x - x_1) \cdot \ldots \cdot (x - x_n)$$

dabei stellen die $x_1, \ldots, x_n \in \mathbb{C}$ die Nullstellen von p dar. Also bestimmen die Nullstellen bis auf den Faktor a_n eindeutig das Polynom.
Für die Nullstellen und deren Verteilung in einem ONS gilt der folgende bemerkenswerte Satz.

Satz 3.3.5. *(Nullstellensatz)*
Bildet $\{\Psi_1, \ldots, \Psi_n, \ldots\}$ *mit* $\Psi_n \in \mathbb{P}_n$ $(n \in \mathbb{N})$ *ein ONS und ist* $\mathbb{P}_n$ *nur über* $[a, b]$ *definiert, so besitzt jedes der Polynome* Ψ_j $(j \in \mathbb{N})$ *lauter einfache Nullstellen und somit auch nur reelle, die alle in* $]a, b[$ *liegen.*

Wegen seiner Tragweite, dass nämlich die Elemente des ONS über $[a, b]$ immer vollständig über $]a, b[\subset \mathbb{R}$ faktorisieren, werden wir Satz 3.3.5 nun noch beweisen.

Beweis.
Es seien $x_{n1}, \ldots, x_{nn} \in \mathbb{C}$ die Nullstellen des Polynoms Ψ_n. Dann folgt $\langle \Psi_n, \Psi_0 \rangle = 0$ und damit für $n \geq 1$ nach der Definition des Skalarproduktes

$$\int_a^b (x - x_{n1}) \cdot (x - x_{n2}) \cdot \ldots \cdot (x - x_{nn})\, dx = 0$$

Dann gibt es mindestens eine reelle Nullstelle, sagen wir x_{nj}, an der Ψ das Vorzeichen wechselt. Diese besitzt dann notwendigerweise eine ungerade Vielfachheit (nur Polynome $(x - x_{nj})^{r_j}$ tragen zum Vorzeichenwechsel bei, wenn r_j ungerade ist).
Wir definieren als Nächstes die Menge aller Nullstellen mit ungerader Vielfachheit von Ψ_n in $]a, b[$, in die mehrfache Nullstellen nur einmal aufgenommen werden:

$$\mathcal{N}_u = \{x_{nj}; j \in H \subset N = \{1, \ldots, n\}\}$$

Setzen wir

$$q(x) = \prod_{j \in H} (x - x_{nj}) ,$$

so ist $q \in \mathbb{P}_n$ und es gilt entweder $\Psi_n(x)q(x) \geq 0$ oder $\Psi_n(x)q(x) \leq 0$ für alle $x \in]a, b[$, denn die ungeraden Vielfachheiten in Ψ_n sind im Produkt nun doppelte Vielfachheit und damit gerade Vielfachheit und das Vorzeichen hängt vom höchstens Koeffizienten von Ψ_n ab.

Da $\Psi_n \neq 0$ muss auch $\langle \Psi_n, q \rangle \neq 0$ (der Integrand $\Psi_n(x)q(x)$ wechselt ja nicht das Vorzeichen in $]a, b[$). Da aber $\{\Psi_1, \ldots, \Psi_n, \ldots\}$ ein ONS ist, muss q auch vom Grad n sein und damit ist (wegen der Nullstellen) q ein Vielfaches von Ψ_n. Also muss $H = N$ gelten, weshalb alle x_{nj} in $\mathcal{N}_u$ nur einmal auftreten können und damit sowohl einfach, als auch reell sein müssen. □

Beispiel 3.3.1.
Die Legendre-Polynome finden sich unter anderem bei Berechnungen mit kugelsymmetrischen Dichteverteilungen, so wie z. B. beim Gravitationsfeld der Erde oder dem elektrischen Feld einer kugelförmigen Ladungsverteilung. In beiden Fällen gibt es eine Verteilung $\rho(\vec{r})$, welche einen Größenwert (Masse oder Ladung) je Volumeneinheit in Abhängigkeit vom Ortsvektor $\vec{r}$ angibt.
Damit berechnet sich – bis auf Vorfaktoren – das zugehörige Potenzial Φ durch

$$\Phi(\vec{r}_1) = \int \frac{\rho(\vec{r}_1)}{|\vec{r} - \vec{r}_1|} d\vec{r}_1 , \tag{3.108}$$

wobei $\vec{r}$ für den Radiusvektor des betrachteten Kugelvolumens steht.
Der in (3.108) auftretende Term $(|\vec{r} - \vec{r}_1|)^{-1}$ lässt sich zur Berechnung im Fall $t = \frac{|\vec{r}_1|}{|\vec{r}|} < 1$ in eine Taylorreihe entwickeln, deren Koeffizienten gerade die (unnormierten) Legendre-Polynome sind.[18]

$$\frac{1}{|\vec{r} - \vec{r}_1|} = \frac{1}{|\vec{r}| \cdot \sqrt{1 - 2t \cdot \cos(\theta) + t^2}} = \frac{1}{|\vec{r}|} \sum_{n=0}^{\infty} \tilde{L}_n(\cos(\theta)) \cdot t^n$$

Mit Hilfe des Ansatzes (3.109) lässt sich dann z. B. zeigen, dass man in guter Näherung die Masse einer kugelförmigen Erde als im Erdmittelpunkt vereinigt annehmen darf und es lassen sich mit dem Ansatz die Lösungen der Schrödinger-Gleichung für Elektronen im kugelsymmetrischen Potenzialfeld eines Atomkerns berechnen.

[18] θ bezeichnet den von $\vec{r}$ und $\vec{r}_1$ eingeschlossenen Winkel.

3.3.3 Kurzfragen zum Verständnis

1. Das Proximum ist in einem Prae-Hilbertraum immer eindeutig bestimmt.

   □ wahr □ falsch

2. Mit der Lösung der Normalengleichung bestimmt man das Proximum.

   □ wahr □ falsch

3. Für einen Unterraum U eines Prae-Hilbertraums V steht $v - u$ für das Proximum $u \in U$ an $v \in V,\ v \notin U$ senkrecht auf U.

   □ wahr □ falsch

4. Mit der Parsevalschen Gleichung kann man die Vollständigkeit eines ONS in einem Prae-Hilbertraums testen.

   □ wahr □ falsch

5. Die Legendre-Polynome bilden ein ONS.

   □ wahr □ falsch

6. Die normierten Legendre-Polynome vom Grad n haben unter den Polynomen in $\mathbb{P}_n$ auf $[-1, 1]$ mit Leitkoeffizient $a_n = 1$ die kleinste Norm $\|\cdot\|_2$

   □ wahr □ falsch

3.3.4 Übungen

Lösungsvideos zu den Übungen können auf www.lsgn24h.de über die Eingabe des Lösungscodes abgerufen werden.

Kl A:

1. Die Legendre-Polynome sind in Definition 3.3.6 gegeben und wurden im Ansatz zu ihrer Entwicklung aus den Funktionen $\varphi_n(x)$ nach der Formel (3.102) erzeugt.

   (a) Berechnen Sie die ersten fünf Polynome $\varphi_n(x)$ nach der Formel (3.102).

   (Lösungscode: SB05PH0A001)

   (b) Rechnen Sie anhand der Legendre-Polynome L_3, L_4 und L_5 deren Orthogonalitätseigenschaft nach.

   (Lösungscode: SB05PH0A002)

2. Machen Sie sich die geometrische Bedeutung von Satz 3.3.1 im $\mathbb{R}^3$ klar, in dem Sie $U = \mathbb{R}^2$ und die euklidische Norm wählen.

   (Lösungscode: SB05PH0A003)

3. Auf dem Intervall $I_n = [-n, n]$ $(n \in \mathbb{N})$ sei für Funktionen $f, g : I_n \longrightarrow \mathbb{R}$ ein Skalarprodukt definiert durch

$$\langle f, g\rangle = \sum_{k=-n}^{n} f(k)g(k)$$

   Bestimmen Sie ein ONS $\{p_0, p_1, p_2\}$ mit $p_j \in \mathbb{P}_j$, $j = 0, 1, 2$.

   (Lösungscode: SB05PH0A004)

4. Zeigen Sie: In einem reellen Prae-Hilbertraum V gilt für $u, v \in V$ genau dann $\langle u, v\rangle = 0$, wenn $\|\alpha u + v\| \geq \|v\|$ für alle $\alpha \in \mathbb{R}$ gültig ist.

   (Lösungscode: SB05PH0A005)

Kl B:

1. Seien $a < b$ und $g_1, \ldots, g_n \subset C([a,b])$ linear unabhängig. Man nennt $U = \operatorname{span}(g_1, \ldots, g_n)$ einen *Haarschen Raum* und $\{g_1, \ldots, g_n\}$ als Basis von U ein *Tschebyschev-System* (siehe Übungen 3.1.5), wenn jedes $g \in U$, $g \neq 0$ höchstens $n-1$ Nullstellen besitzt. Zeigen Sie:

   (a) Die Monome
   $$\{1, x, x^2, \ldots, x^{n-1}\}$$
   bilden ein Tschebyschev-System.

   (Lösungscode: SB05PH0B001)

   (b) Die Funktionen $\{1, e^x, e^{2x}, \ldots, e^{(n-1)x}\}$ sind ein Tschebyschev-System. Substituieren Sie dazu $t = e^x$.

   (Lösungscode: SB05PH0B002)

   (c) Die folgende Teilmenge des Raums $C(\mathbb{R})$
   $$\{1, \sin(x), \cos(x), \sin(2x), \cos(2x), \ldots, \sin(mx), \cos(mx)\}$$
   ist ein Tschebyschev-System.
   Tipp: Verwenden Sie dazu die Euler-Formel aus [SM01] (siehe auch (3.113)).

   (Lösungscode: SB05PH0B003)

2. Die folgenden Funktionen nennt man *Tschebyschev-Polynome 1. Art.*
   $$T_n(x) = \cos(n \cdot \arccos(x)),\ (x \in [-1,1],\ n \in \mathbb{N}_0) \qquad (3.109)$$
   Beweisen Sie die rekursive Formel:
   $$T_0 = 1,\ T_1(x) = x,\ T_{n+1}(x) = 2x \cdot T_n(x) - T_{n-1}(x),\ n \in \mathbb{N}$$

   (Lösungscode: SB05PH0B004)

3. Es sei $f : [-1,1] \longrightarrow \mathbb{R}$, $f(x) = e^x$.

   (a) Bestimmen Sie die jeweiligen Proxima aus $\mathbb{P}_k$ mit $0 \leq k \leq 2$ durch Anwendung der Normalengleichungen.

   (Lösungscode: SB05PH0B005)

(b) Bestimmen Sie die Proxima aus Aufgabe (a) nun, indem Sie f durch Legendre-Polynome entwickeln.

(Lösungscode: SB05PH0B006)

4. Betrachten Sie $V = C([-1,1])$ und die auf V definierte bilinearen Abbildung

$$V \times V \ni (f,g) \longmapsto \langle f,g\rangle_w = \int_{-1}^{1} \sqrt{1-x^2} \cdot f(x) \cdot g(x)\, dx$$

Zeigen Sie, dass V mit $\langle\cdot,\cdot\rangle_w$ ein Prae-Hilbertraum ist.

(Lösungscode: SB05PH0B007)

Kl C:

1. Betrachten Sie $V = C([-1,1])$ und die auf V definierte bilinearen Abbildung

$$V \times V \ni (f,g) \longmapsto \langle f,g\rangle_w = \int_{-1}^{1} \sqrt{1-x^2} \cdot f(x) \cdot g(x)\, dx$$

Zeigen Sie, dass in $(V, \langle\cdot,\cdot\rangle_w)$ die sogenannten *Tschebyschev-Polynome 2.Art*

$$U_n(x) = \sqrt{\frac{2}{\pi}} \cdot \frac{\sin\left((n+1)\cdot \arccos(x)\right)}{\sqrt{1-x^2}} \tag{3.110}$$

ein Orthonormalsystem bilden.

(Lösungscode: SB05PH0C001)

2. Seien $a < b$ und $(x_1, y_1), \ldots, (x_N, y_N)$ N-Punktepaare im $\mathbb{R}^2$, wobei $x_i \in [a,b]$ mit $x_j \neq x_i$ für $j \neq i$. Weiter sei

$$T = \operatorname{span}(h_1, \ldots, h_n) \subset C([a,b])$$

ein n-dimensionaler Unterraum der stetigen Funktionen auf $[a,b]$ gegeben. Im $\mathbb{R}^N$ definiere man die Vektoren

$$\vec{y} = (y_1, \ldots, y_N)^T \;,\; \vec{h}_k = (h_k(x_1), \ldots, h_k(x_N))^T \;,\; 1 \le k \le n.$$

(a) Formulieren Sie im Prae-Hilbertraum $\mathbb{R}^N$ mit der Norm

$$\|\vec{a}\|_2 = \left(\sum_{j=1}^{N} a_j^2\right)^{\frac{1}{2}}$$

die *diskrete Approximationsaufgabe* für $\text{span}(\vec{h}_1, \ldots, \vec{h}_n)$ an $\vec{y}$.

(Lösungscode: SB05PH0C002)

(b) Unter welchen zusätzlichen Bedingungen ist die *diskrete Approximationsaufgabe* eindeutig lösbar?
Ist diese Bedingung auch notwendig (mit Begründung)?

(Lösungscode: SB05PH0C003)

(c) Reicht die lineare Unabhängigkeit der Funktionen

$$h_k \quad (1 \leq k \leq n)$$

als Bedingung für die positive Antwort in der vorhergehenden Aufgabe aus?

(Lösungscode: SB05PH0C004)

(d) Zeigen Sie für $n \leq N$: Damit die Approximationsaufgabe aus Aufgabe (a) eindeutig lösbar ist, muss $(h_k;\ 1 \leq k \leq n)$ ein Tschebyschev-System bilden.

(Lösungscode: SB05PH0C005)

(e) Zeigen Sie: Ist $n = N$ und ist $(h_k;\ 1 \leq k \leq n)$ ein Tschebyschev-System, dann ist $\vec{y} \in \text{span}(\vec{h}_1, \ldots, \vec{h}_n)$.

(Lösungscode: SB05PH0C006)

(f) Es seien $\vec{f} = \sum_{k=1}^{n} \alpha_j \vec{h}_k$ die eindeutig bestimmte Lösung der diskreten Approximationsaufgabe aus Aufgabe (a) und $f = \sum_{k=1}^{n} \alpha_k h_k \in T$ die zugeordnete stetige Funktion. Zeigen Sie: f erfüllt die Interpolationsaufgabe für Funktionen $\varphi \in T$.

(Lösungscode: SB05PH0C007)

(g) Sind $n < N$, $h_k(x) = x^{k-1}$ und liegen alle Punktepaare auf einer Geraden, dann gilt für $f = \sum_{k=1}^{n} \alpha_k h_k \in T$ aus der vorhergehenden Aufgabe $f(x) = a + bx$.

(Lösungscode: SB05PH0C008)

Kl D:

1. Zeigen Sie für $f \in C([-\pi, \pi])$:
$$\lim_{k\to\infty} \int_{-\pi}^{\pi} f(x)\sin(kx)dx = \lim_{k\to\infty} \int_{-\pi}^{\pi} f(x)\cos(kx)dx = 0$$
mit Hilfe der Besselschen Ungleichung.

(Lösungscode: SB05PH0D001)

2. Beweisen Sie, dass die Funktionen U_n (Tschebyschev-Polynome 2.Art, siehe (3.110)) Polynome n-ten Grades sind.

(Lösungscode: SB05PH0D002)

3. Zeigen Sie den folgenden Zusammenhang der Tschebyschev-Polynome 1.Art (siehe (3.109)) und 2.Art (siehe (3.110))
$$T_n'(x) = n \cdot U_{n-1}(x), \; x \in [-1, 1]$$

(Lösungscode: SB05PH0D003)

3.4 Fourierreihe

Reihenentwicklungen von Funktionen wurden bereits im 17. und 18. Jh. von Leonhard Euler (1707 – 1783), Joseph-Louis Lagrange (1736 – 1813) und den Schweizer Brüdern Jakob I. Bernoulli (1655 – 1705) und Johann Bernoulli (1667 – 1748) sowie Daniel Bernoulli (1700 – 1782, Sohn von Jakob) untersucht. Aber erst Jean Baptiste Joseph Fourier (1768 – 1830)[19] war derjenige, der behauptete, dass sich jede Funktion in eine Reihe entwickeln lässt. Wir werden uns in diesem Abschnitt nun nicht mit dieser grundsätzlichen Frage von Fourier beschäftige aber stattdessen mit seiner brillanten Formulierung der Entwicklung von periodischen und stückweise stetigen Funktionen.

Definitionen 3.4.1. *(L-periodisch und stückweise stetig)*

1. *Eine Funktion $f : \mathbb{R} \to \mathbb{R}$ nennen wir L-***periodisch** *oder periodisch mit der Periode L, $(L > 0)$, falls*

$$f(x) = f(x + L) \,\forall x \in \mathbb{R} \tag{3.111}$$

2. *Eine Funktion $f : [a, b] \to \mathbb{R}$ nennen wir* **stückweise stetig**, *wenn es endlich viele Punkte $a = x_0 < ... < x_n = b$, gibt, so dass*

$$f : [x_i, x_{i+1}] \to \mathbb{R}\ ,\ i = 0, \ldots, n-1$$

stetig ist, womit f nur endlich viele Sprungstellen x_i besitzt, an denen zudem gelten soll

$$\lim_{x \to x_i -} f(x) \in \mathbb{R} \text{ und } \lim_{x \to x_i +} f(x) \in \mathbb{R}$$

[19] Jean Baptiste Joseph Fourier (* 21. März 1768 bei Auxerre – † 16. Mai 1830 in Paris), Sohn eines Schneiders, führte ein bewegtes Leben während der französischen Revolution, war abwechselnd Gefangener und Präsident des Revolutionskomitees. Mit Napoleon ging er nach Ägypten und wurde nach dem Rückzug Napoleons von den Engländern gefangen genommen, konnte aber mit seinen Berichten nach Frankreich zurückkehren. Später wurde er Prefekt des Departments Isère und vollendete die Trockenlegung der Sümpfe von Lyon. Dadurch wurde in dieser Region die Malaria ausgerottet. Ab 1822 war er ständiges Mitglied der Academie des Sciences. Gleichzeitig wurde sein Buch *Théorie analytique de la chaleur* veröffentlicht, wodurch Temperaturen und der Wärmetransport mittels Fourierreihen und Fourierintegralen berechenbar wurden. Für seine Behauptung, dass sich jede Funktion in einer Reihe darstellen lässt, erntete er zunächst Ablehnung, vor allem von Augustin Louis Cauchy (1789-1857) und Niels Henrik Abel (1802-1829). Es war dann Johann Peter Gustav Lejeune Dirichlet (1805-1859) der 1829 in seiner Arbeit *Sur la convergence des séries trigonométriques qui servent à représenter une fonction arbitraire entre des limites donnée* zeigte, dass die Behauptung von Fourier zumindest für stückweise stetig differenzierbare Funktionen zutrifft.

Von allen L-periodischen Funktionen besitzen vornehmlich die mit $L = 2\pi$ besondere Relevanz, wie sich noch herausstellen wird.

Definition 3.4.2. *(2π-periodische Funktionen)*
Eine Funktion $f : \mathbb{R} \to \mathbb{R}$ ($f : \mathbb{R} \to \mathbb{C}$), heißt 2π-periodisch, falls

$$f(x + 2\pi) = f(x) \; \forall x \in \mathbb{R} \tag{3.112}$$

Beispiele 3.4.1.

- *Als klassisches Beispiel der 2π-periodischen Funktionen seien schon einmal die Funktionen $f(x) = \sin(x)$ und $g(x) = \cos(x)$ erwähnt. Da für beide gilt $f(x + 2\pi) = f(x)$ bzw. $g(x + 2\pi) = g(x)$ für alle $x \in \mathbb{R}$ (siehe [SM04]).*
- *Eine komplexe 2π-periodische Funktion wäre z. B. $f(x) = e^{ix}$, welche ja die Darstellung in der Euler-Formel*

  $$f(x) = e^{ix} = \cos(x) + i \sin(x) \tag{3.113}$$

  besitzt (siehe [SM01]).

Bemerkungen 3.4.1.

- *Wie schon erwähnt, werden wir für die Theorie der Fourierreihen L-periodische Funktionen betrachten, die auf Intervallen $[a, b]$ definiert und dort stückweise stetig sind. Allgemein gilt die Theorie übrigens für Funktionen, deren Quadrat integrierbar ist.*[20]
- *Für stückweise stetige Funktionen existiert das Integral $\int_a^b f(x)dx$.*

Der folgende Satz gibt Eigenschaften von L-periodischen Funktionen an, die es uns ermöglichen werden, die L-Periodizität auf die 2π-Periodizität zurückzuführen.

Satz 3.4.1.
Sei $f : \mathbb{R} \to \mathbb{R}$ L-periodisch, so gilt

1. $$\int_0^L f(x)\, dx = \int_a^{a+L} f(x)dx \; \forall\, a \in \mathbb{R}$$

2. *Die Funktion $g : \mathbb{R} \to \mathbb{R}$, mit $g(x) = f\left(\frac{L}{2\pi} \cdot x\right)$ ist 2π-periodisch.*
   Ist $g : \mathbb{R} \to \mathbb{R}$ 2π-periodisch, so ist $f(x) = g\left(\frac{2\pi}{L} \cdot x\right)$ L-periodisch.

---

[20]Eine mehr ausführliche Theorie, die auch auf eine größere Klasse eingeht, kann man z. B. in [DSW] nachlesen.

Beispiel 3.4.2.
Als Beispiel L-periodischer Funktionen seien $\sin\left(\frac{2\pi}{L}\cdot x\right)$ *und* $\cos\left(\frac{2\pi}{L}\cdot x\right)$ *genannt. Beide Funktionen treten insbesondere in den Theorien zur Beschreibung von Kreisbewegungen, Schwingungen und Wellen in der Physik und Mechanik auf.*
Bei in der Zeit periodischen Prozessen wird die Periode L durch T, die Umlaufzeit bzw. Periodendauer, ersetzt und bei Wellen wird zusätzlich bezüglich der räumlichen Verteilung der Amplituden noch als Periode die Wellenlänge λ *eingeführt.*

Ziel ist es nun, eine möglichst große Klasse von periodischen Funktionen durch einfache Grundbausteine darzustellen. Diese einfachen Grundbausteine sind die Sinus- und Kosinusfunktionen. Im Abschnitt 3.3 haben wir gesehen, dass man Elemente im sogenannten Prae-Hilbertraum durch Vektoren in einem vorgegebenen endlich dimensionalen Unterraum bestmöglich approximieren kann.

Wir wählen jetzt den Raum der periodischen und stückweise stetigen Funktionen $f : \mathbb{R} \longrightarrow \mathbb{R}$ als Prae-Hilbertraum der zu approximierenden Funktionen und definieren auf diesem das Skalarprodukt (siehe (3.79))

$$(f,g) \longmapsto \langle f,g\rangle = \int_0^L f(x)g(x)dx\,, \tag{3.114}$$

Dabei wird die Periode L durch die zu approximierende Funktion bestimmt. Für die Approximation benötigen wir noch polynomiale Funktionen und definieren, analog zum Abschnitt 3.3.2, wo wir die Legendre-Polynome zur Verfügung hatten, jetzt die sogenannten trigonometrischen Polynome.

Definition 3.4.3. *(trigonometrische Polynome)*
Zu $n \in \mathbb{N}$, $a_0, a_1, ..., a_n \in \mathbb{R}$, $b_1, ..., b_n \in \mathbb{R}$ *und* $L > 0$ *definieren wir ein* **trigonometrisches Polynom** *der Periode L vom Grad n durch*

$$P_n(x) = \frac{a_0}{2} + \sum_{k=1}^{n}\left(a_k\cdot\cos\left(k\cdot\frac{2\pi}{L}\cdot x\right) + b_k\cdot\sin\left(k\cdot\frac{2\pi}{L}\cdot x\right)\right) \tag{3.115}$$

Bemerkung 3.4.2.
Falls in (3.115) nur Kosinusterme auftreten, nennt man das Polynom ein **Kosinuspolynom**, *falls nur Sinusterme auftreten ein* **Sinuspolynom**.

Wir halten die folgenden ersten und damit grundlegenden Eigenschaften für trigonometrische Polynome P_n fest:

1. Alle P_n sind stetig (also insbesondere stückweise stetig).
2. Alle P_n sind L-periodisch ($L > 0$).

Wir wollen die trigonometrischen Polynome verwenden, um periodische Funktionen durch sie auszudrücken. Jetzt wird dies nicht bei jeder L-periodischen Funktion direkt gelingen können, wie das folgende Beispiel zeigt.

Beispiel 3.4.3.
Die Funktion $f : \mathbb{R} \to \mathbb{R}$, mit

$$x \mapsto f(x) = \begin{cases} 1 & \text{für } 0 \leq x < \pi \\ -1 & \text{für } \pi \leq x < 2\pi \\ \text{periodisch} & \text{sonst.} \end{cases} \tag{3.116}$$

ist eine stückweise stetige 2π-periodische Funktion, aber keine stetige Funktion.

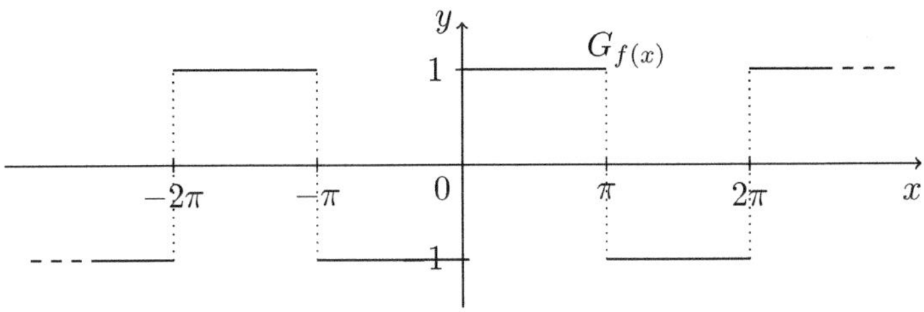

Abbildung 3.11: Die periodische Funktion f (3.116)

Jetzt wird man die Funktion f (3.116) nicht alleine durch ein trigonometrisches Polynom n-Grades darstellen können, was bedeutet, dass wir nur die Möglichkeit haben, f zu approximieren. Dazu muss man mehr über die linear unabhängigen L-periodischen Funktionen wissen, welche die trigonometrischen Polynome bilden

$$\left\{\cos\left(k \cdot \frac{2\pi}{L} \cdot x\right), \sin\left(k \cdot \frac{2\pi}{L} \cdot x\right); k = 0, \ldots, n\right\} \tag{3.117}$$

Die nächste Proposition zeigt, dass man in diesen Funktionen (3.117) ein Orthogonalsystem im Raum der L-periodischen Funktionen vor sich hat.

Proposition 3.4.1. *(Orthogonalitätsrelationen und Normierung)*
Es gelten für $k, m \in \mathbb{N}$

1. *die Orthogonalitätsrelationen (für $k \neq m$)*

$$\begin{aligned} \int_0^L \sin\left(k\frac{2\pi}{L}x\right) \cdot \sin\left(m\frac{2\pi}{L}x\right)\, dx &= 0 \\ \int_0^L \cos\left(k\frac{2\pi}{L}x\right) \cdot \cos\left(m\frac{2\pi}{L}x\right)\, dx &= 0 \\ \int_0^L \cos\left(k\frac{2\pi}{L}x\right) \cdot \sin\left(m\frac{2\pi}{L}x\right) dx &= 0 \end{aligned} \tag{3.118}$$

2. *die Normierung (für $k = m$)*

$$\int_0^L \sin^2\left(k\frac{2\pi}{L}x\right) dx = \int_0^L \cos^2\left(k\frac{2\pi}{L}x\right)\, dx = \frac{L}{2} \tag{3.119}$$

$$\Rightarrow \left\{\sqrt{\frac{2}{L}} \cdot \sin\left(k\frac{2\pi}{L}x\right), \sqrt{\frac{2}{L}} \cdot \cos\left(k\frac{2\pi}{L}x\right), k \in \mathbb{N}_0\right\}$$

Beweis.
Wir zeigen den Beweis exemplarisch mit $k \neq m$ $(k, m \in N)$ nur für

$$I := \int_0^L \sin\left(k\frac{2\pi}{L}x\right) \sin\left(m\frac{2\pi}{L}x\right) dx = 0$$

Mittels des Produkttheorems für das Produkt zweier Sinusfunktionen (siehe [SM04]) folgt:

$$\begin{aligned} I &= \frac{1}{2}\int_0^L \left(\cos\left((k-m)\frac{2\pi}{L}x\right) + \cos\left((k+m)\frac{2\pi}{L}x\right)\right)\, dx \\ &= \frac{L}{4\pi}\left[\frac{1}{(k-m)}\sin\left((k-m)\frac{2\pi}{L}x\right) + \frac{1}{(k+m)}\sin\left((k+m)\frac{2\pi}{L}x\right)\right]_0^L \\ &= 0 \end{aligned}$$

□

Damit liegen schon die wesentlichen Eigenschaften der trigonometrischen Polynome vor. Doch bevor wir die Prae-Hilbertraum Approximation aus Abschnitt 3.3 anwenden, möchten wir noch ein paar Worte über die Art der Approximation verlieren.

Grundsätzliches zur Approximation

Betrachtet man seine Möglichkeiten zur Approximation von Funktionen durch ein ONS von Funktionen aus dem gleichen Raum, fallen sofort zwei auf, die aber beide ihre Probleme mit sich bringen:

1. (Die punktweise Konvergenz)
   Bei der Auswahl von endlich vielen Stützstellen $x_1, ..., x_l$ verlangt man, dass die Summe der Beträge der punktweisen Abstände zwischen den trigonometrischen Polynomen und der zu approximierenden Funktion
   $$\sum_{j=1}^{l} |f(x_j) - P_n(x_j)|$$
   möglichst klein werden soll. Dieser Ansatz ist im Sinne einer „guten“ Konvergenz unbefriedigend, da nur endlich viele Punkte bei der Approximation berücksichtigt werden.

2. (Die gleichmäßige Konvergenz)
   Hier fordert man, dass für alle Punkte aus dem Intervall einer Periode die Abstände zwischen den trigonometrischen Polynomen und der zu approximierenden Funktion in der Supremumsnorm verschwinden
   $$\|f - P_n\|_\infty := \sup_{x \in [0,L]} |f(x) - P_n(x)| \overset{n\to\infty}{\longrightarrow} 0$$
   Bei diesem Ansatz taucht allerdings das Problem auf, dass eine Konvergenz in der $\|\cdot\|_\infty$-Norm bedeutet, dass f auch stetig sein muss, weil alle P_n stetig sind, was wiederum eine zu starke Forderung darstellt.

Als Lösung diese Dilemmas greift man auf die Approximation im Prae-Hilbertraum zurück und betrachtet für eine L-periodische Funktion $f : \mathbb{R} \to \mathbb{R}$ den Abstand von f in der $\|\cdot\|_2$-Norm (3.87) zum endlich dimensionalen Unterraum

$$\operatorname{span}\left\{1, \cos\left(k\frac{2\pi}{L}x\right), \sin\left(k\frac{2\pi}{L}x\right); 1 \leq k \leq n\right\},$$

so dass

$$\mathcal{I} = \int_0^L (f(x) - P_n(x))^2 \; dx \tag{3.120}$$

minimal wird.
Verwenden wir in (3.120) die Definition der trigonometrischen Polynome P_n (siehe (3.115)), so liefert die Anwendung von Proposition 3.4.1 mit den Normalengleichungen aus Abschnitt 3.3.1 Berechnungsmöglichkeiten für die Unbekannten Koeffizienten in den trigonometrischen Polynomen:

Definition 3.4.4. *(Fourierkoeffizienten)*
Es sei $f : \mathbb{R} \longrightarrow \mathbb{R}$ L-periodisch und auf $[0, L]$ stückweise stetig. Dann nennen wir die Koeffizienten

$$a_k(f) = a_k = \frac{2}{L} \int_0^{2\pi} f(x) \cos\left(k\frac{2\pi}{L}x\right) dx \, , \; k = 0, 1, ..., n \tag{3.121}$$

$$b_k(f) = b_k = \frac{2}{L} \int_0^{2\pi} f(x) \sin\left(k\frac{2\pi}{L}x\right) dx \, , \; k = 1, ..., n$$

die **Fourierkoeffizienten von** f.

Satz und Definition 3.3.2 aus Abschnitt 3.3.1 liefert dann die Aussage, der optimalen Approximation durch trigonometrische Polynome.

Satz 3.4.2.
Sei $f : \mathbb{R} \to \mathbb{R}$ eine L-periodische und stückweise stetige Funktion. Es seien $a_0, a_1, ..., a_n \in \mathbb{R}$ und $b_1, ..., b_n \in \mathbb{R}$ die zu f gehörigen Fourierkoeffizienten.
Dann approximiert das trigonometrische Polynom $P_n(x)$ (3.115) die Funktion f am besten (bzgl. der $\| \, . \, \|_2$-Norm).

Bemerkungen 3.4.3.

- *Man nennt P_n in Satz 3.4.2 auch die n-te Näherung an f.*

- *Es lässt sich zudem eine kompakte Darstellung der Fourierkoeffizienten finden, welche die Eulerdarstellung der komplexen Zahlen*

  $$e^{i \cdot nx} = \cos(nx) + i \sin(nx) \, , \; n \in \mathbb{Z} \, , \; i^2 = -1$$

  verwendet. Dann gilt nämlich der folgende Satz

Satz 3.4.3.
Sei $f : \mathbb{R} \to \mathbb{R}$ L-periodisch und stückweise stetig. Man definiere

$$c_n(f, L) = \frac{1}{L} \int_{-\frac{L}{2}}^{\frac{L}{2}} f(u) \cdot e^{-i \cdot n \frac{2\pi}{L} u} du \,, \quad n \in \mathbb{Z} \tag{3.122}$$

uns es folgen die reellen Fourierkoeffizienten

$$a_n = c_n(f, L) + c_{-n}(f, L), \; b_n = i\,(c_n(f, L) - c_{-n}(f, L)) \tag{3.123}$$

Die Berechnung der Koeffizienten kann vereinfacht werden, wenn man Symmetrieeigenschaften der zugrundeliegenden Funktion f berücksichtigt und die Symmetrieeigenschaften der trigonometrischen Funktionen (cos ist gerade, sin ist ungerade).

Satz 3.4.4. *(Fourierkoeffizienten bei Symmetrie)*
Sei $f : \mathbb{R} \to \mathbb{R}$ L-periodisch und stückweise stetig. Ist:

1. *Ist f gerade, so gilt $b_k = 0, \quad k = 1, 2, ..., n$ und*

$$a_k = \frac{4}{L} \int_0^{L/2} f(x) \cdot \cos\left(k \frac{2\pi}{L} \cdot x\right) dx$$

2. *Ist f ungerade, so gilt $a_k = 0, \quad k = 0, 1, 2, ..., n$ und*

$$b_k = \frac{4}{L} \int_0^{L/2} f(x) \cdot \sin\left(k \frac{2\pi}{L} \cdot x\right) dx$$

Im folgenden Beispiel wird die Symmetrie einer periodischen Funktion ausgenutzt, um die Fourierkoeffizienten einfach zu berechnen.

Beispiel 3.4.4.
Wir betrachten eine sogenannte Sägezahnfunktion $f : \mathbb{R} \to \mathbb{R}$, mit

$$x \mapsto f(x) = \begin{cases} x & \text{für } -1 \leq x < 1 \\ \text{periodisch} & \text{sonst} \end{cases} \tag{3.124}$$

Dann haben wir $L = 2$; f ist ungerade, woraus für die Koeffizienten der Kosinusterme folgt $a_k = 0$ und es bleibt, die Koeffizienten b_k zu berechnen.

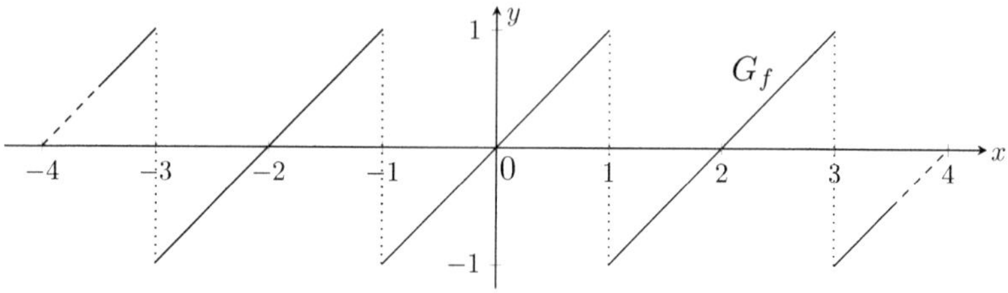

Abbildung 3.12: Die Sägezahnfunktion f (3.124)

$$\begin{aligned} b_k &= \frac{2}{L}\int_0^L f(x)\sin\left(\frac{2k\pi}{L}\cdot x\right)\,dx = \frac{4}{2}\int_0^1 \overbrace{x}^{v}\cdot\overbrace{\sin(k\pi x)}^{u'}\,dx \\ &= 2\cdot\left(\left[x\cdot\frac{(-\cos(k\pi x))}{k\pi}\right]_0^1 - \int_0^1 1\cdot\frac{(-\cos(k\pi x))}{k\pi}dx\right) \\ &= (-2)\cdot\left(\left[x\cdot\frac{\cos(k\pi x)}{k\pi}\right]_0^1 - \left[\frac{\sin(k\pi x)}{k^2\pi^2}\right]_0^1\right) = 2\frac{1}{k\pi}(-1)^{k+1} \end{aligned}$$

Mit dem Ergebnis für die Koeffizienten b_k geben wir schließlich das Fourierpolynom zum Grad N an.

$$\begin{aligned} P_n(x) &= \frac{2}{\pi}\sum_{k=1}^{n}\frac{(-1)^{k+1}}{k}\sin(k\pi x) \\ &= \frac{2}{\pi}\cdot\left(\sin(\pi x) - \frac{\sin(2\pi x)}{2} + \frac{\sin(3\pi x)}{3} - \frac{\sin(4\pi x)}{4} + \dots\right) \end{aligned}$$

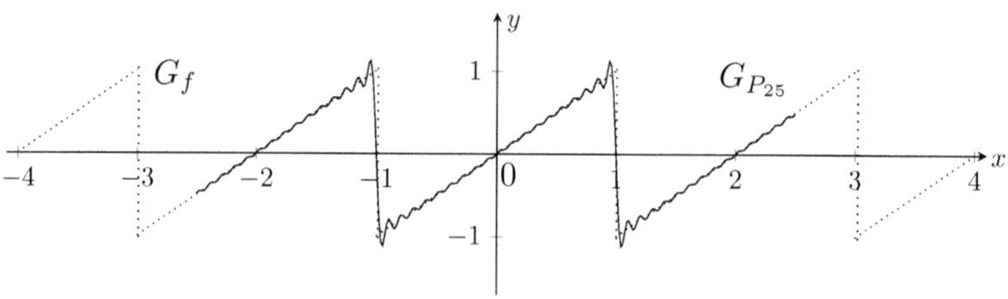

Abbildung 3.13: Vergleich P_{25} und Sägezahnfunktion f (3.124)

In Abbildung 3.13 wurden die Funktion f auf $[-4,4]$ gepunktet dargestellt und das Fourierpolynom P_{25} auf $[-2.5, 2.5]$ liniert.
Man erkennt, dass an den Unstetigkeitsstellen der zugrundeliegenden periodischen Funktion f das Fourierpolynom „überschießt“, d. h. die Funktionswerte des Polynoms größer oder kleiner ausfallen, als die der Funktion f. Dies ist keine Eigentümlichkeit des Beispiels oder ein Fehler im Programm, sondern liegt in der Besonderheit der Konvergenz der Fourierreihe auf die wir gleich allgemein eingehen.
Das Phänomen des „Überschießens“, auch „Überschwingen“ genannt, wird zudem als Gibb'sches Phänomen bezeichnet und z. B. in [DSW] näher behandelt.

Bevor wir zum allgemeinen Konvergenzverhalten der Fourierpolynome P_n für $n \to \infty$ kommen, notieren wir noch eine nützliche Aussage zu Summationen im Argument der Fourierkoeffizienten.

Proposition 3.4.2.
Es seien $f, g : \mathbb{R} \longrightarrow \mathbb{R}$ beide L-periodisch und stückweise stetig. Dann gilt:

$$a_k(f+g) = a_k(f) + a_k(g) \text{ für } k = 0, 1, 2, \ldots$$

und

$$b_k(f+g) = b_k(f) + b_k(g) \text{ für } k = 1, 2, \ldots$$

Um zu Beschreiben, wie sich die Fourierpolynome P_n im Grenzfalle verhalten, benennen wir zuerst das bei $n \to \infty$ entstehende Objekt.

Definition 3.4.5. *(Fourierreihe)*
Sei $f : \mathbb{R} \to \mathbb{R}$ L-periodisch und stückweise stetig. Es seien a_k und b_k $(k \in \mathbb{N}_0)$ die zugehörigen Fourierkoeffizienten. Dann nennt man

$$S_f(x) = \frac{a_0}{2} + \sum_{k=1}^{\infty} \left(a_k \cdot \cos\left(\frac{2k\pi}{L}x\right) + b_k \cdot \sin\left(\frac{2k\pi}{L}x\right)\right) \tag{3.125}$$

die **Fourierreihe zu** f.

Bemerkung 3.4.4.
Alternativ kann man eine Fourierreihe (3.125) mit Hilfe von (3.122) auch in ihrer komplexen Form darstellen

$$S_f(x) = \sum_{n=-\infty}^{\infty} c_n(f, L) \cdot e^{in\frac{2\pi}{L}x} \tag{3.126}$$

Eine Fourierreihe $S_f(x)$ formal aufzustellen, also in $P_n(x)$ die Ersetzung $n \to \infty$ symbolisch vorzunehmen, ist sicher kein großer Wurf aber ob eine Fourierreihe dann auch vernünftige Werte liefern wird, also ob sie konvergieren kann, bestenfalls gegen die Funktion f und wie, bliebe dennoch zu klären. Genaugenommen sind es nämlich die folgenden zwei Fragen, welche beantwortet werden müssen

1. Für welche $x \in \mathbb{R}$ konvergiert die Fourierreihe?
2. Wogegen konvergiert sie?

und die gesuchten Antworten zu beiden Fragen sind in den Dirichlet-Bedingungen zu finden.

Satz 3.4.5. *(Dirichlet[21]-Bedingungen)*
Es sei $f : \mathbb{R} \to \mathbb{R}$ L-periodisch $(L > 0)$. Es gelte für die Funktion f:

1. *f ist stückweise stetig auf $I_L := [0, L]$ und besitzt damit auf I_L nur endlich viele Unstetigkeitsstellen x_i, $i = 0, \ldots, m$.*
2. *Außerhalb der Unstetigkeitsstellen x_i auf $[0, L]$ ist f bis auf endlich viele weitere Stellen stetig differenzierbar.*

Dann konvergicrt dic Fourricrrcihc für allc $x \subset \mathbb{R}$,

1. *falls f bei x stetig ist, gegen $f(x)$.*
2. *falls f in x_i nicht stetig ist, gegen*

$$\frac{1}{2}\left(\lim_{x \to x_i+} f(x) + \lim_{x \to x_i-} f(x)\right) .$$

Um die Dirichlet-Bedingungen aus Satz 3.4.5 besser zu verstehen, fassen wir Aspekte des Konvergenzverhaltens, das sie beschreiben, noch einmal zusammen.

[21] Johann Peter Gustav Lejeune Dirichlet (* 13.2.1805 in Düren – † 5.5.1859 in Göttingen) war ein deutscher Mathematiker. Mütterlicherseits aus Belgien stammend begann er im Alter von 17 Jahren ein Mathematikstudium in Paris und traf dort u. a. Fourier, Laplace, Poisson und Legendre. Mit letzterem bewies er den Fermatschen Satz im Spezialfall $n = 5$ und später auch für $n = 14$. 1832 heiratete er die Schwester des Komponisten Mendelsohn-Bartholdy. Er lehrte in Berlin und Göttingen, wo er 1855 die Nachfolge von C. F. Gauß antrat, und forschte insbesondere auf den Gebieten der partiellen Differenzialgleichungen, der Integrale und der Zahlentheorie. Zu seinen Schülern zählten u. a. R. Dedekind, B. Riemann, G. Eisenstein und R. Lipschitz. C. G. Jacobi bemerkte seinerzeit: "Wenn Gauß sagt, er habe etwas bewiesen, ist es mir sehr wahrscheinlich, wenn Cauchy es sagt, ist ebenso viel pro wie contra zu wetten, wenn Dirichlet es sagt, ist es gewiss".

Bemerkungen 3.4.5. *(Konvergenzverhalten von Fourierreihen)*

1. *Falls* $f : \mathbb{R} \to \mathbb{R}$ *auf ganz* $\mathbb{R}$ *stetig differenzierbar ist, so konvergiert die Fourierreihe überall gegen* f.

2. *Ist* f *stückweise stetig differenzierbar, so konvergiert die Fourierreihe an jeder Stelle* x_0 *gegen den Mittelwert aus dem rechtsseitigen und linksseitigen Grenzwert von* f *an der Stelle* x_0*, also gegen*

$$\frac{1}{2}\left(\lim_{x\to x_0+} f(x) + \lim_{x\to x_0-} f(x)\right).$$

   Ist f *darüber hinaus an der Stelle* x_0 *stetig, so konvergiert die Fourierreihe gegen den Funktionswert* $f(x_0)$*, sonst eben gegen den Mittelwert des Sprungs.*

3. *Ist allerdings die Funktion* f *stetig auf* $\mathbb{R}$ *und besteht aus stetig differenzierbaren Abschnitten, so konvergiert die Fourierreihe dennoch auf ganz* $\mathbb{R}$ *gegen* f.

4. *Konvergiert die Fourierreihe gegen die Funktion, so kann man durch Einsetzen in die Funktion einzelne Werte der Fourierreihe berechnen.*

5. *Für jede über ein Periodenintervall integrierbare (z. B. stückweise stetige und beschränkte) Funktion gehen die Fourierkoeffizienten* a_k *und* b_k *für* $k \to \infty$ *gegen Null, was übrigens aus der Besselschen Ungleichung folgt.*

6. *Falls* f m*-mal stetig differenzierbar und die* m*-te Ableitung stückweise stetig differenzierbar sind, so gehen die Fourierkoeffizienten* a_k *und* b_k *mindestens wie* $k^{-(m+2)}$ *gegen Null (vgl. auch [DSW]). Diese Eigenschaft lässt sich zur Plausibilitätskontrolle verwenden.*

7. *Warnung: Der Begriff „Stetigkeit“ bezieht sich bei periodischen Funktionen nur auf deren stückweise Stetigkeit auf ganz* $\mathbb{R}$*. Z. B. ist die periodische Fortsetzung der Funktion* $f(x) = x$ *(für* $-1 \leq x < 1$*) auf ganz* $\mathbb{R}$ *stückweise stetig aber nicht stetig.*

Eine nützliche Gleichung, die der Eigenschaft der Approximation im Raum der Funktionen entstammt, deren Quadrat integrierbar ist, bildet nun die *Parsevalsche Gleichung*, die wir bereits in allgemeiner Form für einen Prae-Hilbertraum kennen (3.96) und mit der *Besselschen Ungleichung* (3.92) zusammenhängt.

Satz 3.4.6.
Ist f eine reelle 2π-periodische, stückweise stetige Funktion (damit ist ihr Quadrat f^2 integrierbar) mit Fourierkoeffizienten a_k und b_k, so gilt die **Parsevalsche Gleichung**

$$\frac{1}{\pi}\int_{-\pi}^{\pi} f(x)^2 dx = \frac{a_0^2}{2} + \sum_{k=1}^{\infty}(a_k^2 + b_k^2) \tag{3.127}$$

und das trigonometrische Polynom n-ten Grades, das den Approximationsfehler R in der $\| \,.\, \|_2$-Norm minimiert, bildet das n-te Fourierpolynom, d. h. (f: $L = 2\pi$-periodisch)

$$\begin{aligned} R &:= \int_{-\pi}^{\pi} \left(f(x) - P_n(x)\right)^2 dx \qquad (3.128)\\ &= \int_{-\pi}^{\pi} \left[f(x) - \left(\frac{a_0}{2} + \sum_{k=1}^{n} (a_k \cos(kx) + b_k \sin(kx))\right)\right]^2 dx \\ &= \int_{-\pi}^{\pi} f(x)^2 dx - \pi \cdot \left(\frac{a_0^2}{2} + \sum_{k=1}^{n}(a_k^2 + b_k^2)\right) \end{aligned}$$

Bemerkung 3.4.6. *(Fourierreihen in der Physik)*
Periodische Signale, wie sie zum Beispiel bei Tönen in der Musik vorkommen, stellen ein physikalisches Phänomen dar, welches sich durch Fourierreihen beschreiben lässt. so bedeutet die Ausage der Parsevalschen Gleichung physikalisch, dass ein periodisches Signal f in seine einzelnen harmonischen Schwingungen zerlegt werden kann, wobei die Gesamtenergie des Signals gleich der Summe der Einzelenergien der jeweiligen harmonischen Schwingungsanteile ist.
Gerade Letzteres ist ein Grund dafür, dass man fast perfekt periodische Signale mit Hilfe von Computern simulieren kann.

Beispiel 3.4.5.
Kehren zurück wir zum Beispiel 3.4.4, der Sägezahnfunktion,

$$f : \mathbb{R} \to \mathbb{R} \,,\, x \mapsto f(x) = \begin{cases} x & \textit{für } -1 \le x < 1 \\ \textit{periodisch} & \textit{sonst} \end{cases}$$

f ist bis auf $x = 1$ auf $[0, 2]$ stetig und für $x \in [0, 2] \setminus \{1\}$ auch stetig differenzierbar, womit die Dirichlet-Bedingungen für die Konvergenz der Fourierreihe $S_f(x)$ erfüllt sind.

$$\Rightarrow f(x) = S_f(x) = \frac{2}{\pi}\sum_{k=1}^{\infty} \frac{(-1)^{k+1}}{k} \sin(k\pi x) \;,\;\; \textit{für } x \in [0, 2], x \neq 1$$

Wenn wir exemplarisch die Konvergenz an zwei Punkten aus $[0,2] \setminus \{1\}$ *betrachten, erhalten wir*

1. *bei* $x = 1$ *(nach Dirichlet):*

$$S_f(x) = \frac{1}{2}\Big[\lim_{x\to 1+} f(x) + \lim_{x\to 1-} f(x)\Big] = \frac{1}{2}(-1+1) = 0$$

2. *bei* $x = \frac{1}{2}$ *eine Reihenentwicklung für die Zahl* π*:*

$$f\left(\frac{1}{2}\right) = \frac{1}{2} = \frac{2}{\pi}\sum_{k=1}^{\infty}\frac{(-1)^{k+1}}{k}\cdot\sin\left(\frac{k\pi}{2}\right)$$

$$\Rightarrow \frac{1}{2} = \frac{2}{\pi}\sum_{l=0}^{\infty}\frac{(-1)^{2l+1+1}}{2l+1}\cdot\sin\left(\frac{(2l+1)\pi}{2}\right) = \frac{2}{\pi}\sum_{l=0}^{\infty}\frac{(-1)^l}{2l+1}$$

$$\Rightarrow \pi = 4\sum_{l=0}^{\infty}\frac{(-1)^l}{2l+1} = 4\cdot\left(1 - \frac{1}{3} + \frac{1}{5} - \frac{1}{7} + \frac{1}{9} - \ldots\right)$$

Beispiel 3.4.6. *(Wechselstromgleichrichter)*
Zur Umwandlung von Wechsel- in Gleichstrom wird ein sogenannter Zweiweg-Gleichrichter verwendet, der bei der Umwandlung nur eine Richtung eines Wechselstroms unverändert durchlässt und alle Ströme in Gegenrichtung umkehrt.

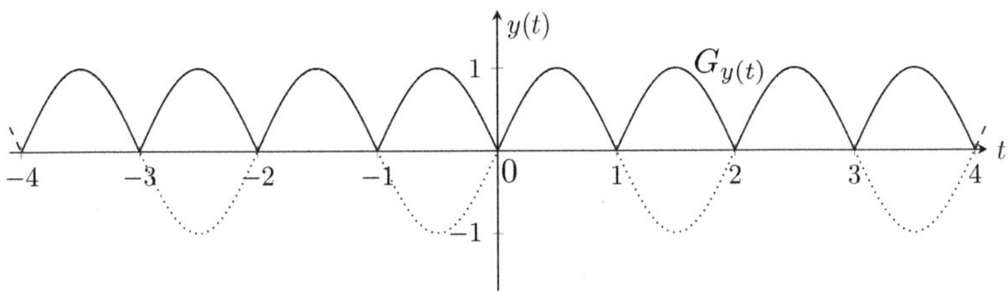

Abbildung 3.14: Beispiel Zweiweg-Gleichrichter ($T = 2$)

Formal wird das Ausgangssignal eines Zweiweg-Gleichrichters durch die Funktion $y(t) = \sin(\omega t)$ *beschrieben. Dabei stehen* t *für die Zeit,* $\omega = \frac{2\pi}{T}$ *für die Kreisfrequenz und* T *bezeichnet die Periodendauer eines vollen Schwingungsdurchlaufs. Der Zweiweg-Gleichrichter liefert dann das Signal*

$$\textit{Eingangssignal:}\ \sin(\omega t) \to |\sin(\omega t)| = \left|\sin\left(\frac{2\pi}{T}\cdot t\right)\right| \quad \textit{:Ausgangssignal} \tag{3.129}$$

Starten wir beim Ausgangssignal $f(t) = |\sin(\omega t)|$, *dann beträgt die Periode* $L = \frac{T}{2} = \frac{\pi}{\omega}$ *und* f *besitzt die folgenden Eigenschaften:* f *ist gerade* ($\Rightarrow b_k = 0$) *und* f *ist überall stetig und bis auf Knickstellen differenzierbar.*

Nach Satz 3.4.5 gilt damit die Konvergenz $f(t) = S_f(t)$ *für alle* $t \in \mathbb{R}$ *und es bleibt, die Koeffizienten* a_k *auszurechnen.*

$$a_k = \frac{4}{L}\int_0^{L/2} f(t)\cos\left(\frac{2k\pi}{L}t\right)dt = \frac{4\omega}{\pi}\int_0^{\pi/2\omega}\sin(\omega t)\cdot\cos(2k\omega t)\ dt \tag{3.130}$$

Das Integral (3.130) vereinfacht sich mittels der folgenden Substitution.

$$x = \omega t \Rightarrow dt = \frac{1}{\omega}\ dx \Rightarrow$$

	x	t
OG	$\frac{\pi}{2\omega}$	$\frac{\pi}{2}$
UG	0	0

$$\begin{aligned}
a_k =& \frac{4}{\pi}\int_0^{\pi/2}\sin(x)\cdot\cos(2kx)\ dx \\
=& \frac{1}{2}\cdot\frac{4}{\pi}\int_0^{\pi/2}\left(\sin\overbrace{(x-2kx)}^{(1-2k)x}+\sin\overbrace{(x+2kx)}^{(1+2k)x}\right)dx \\
=& \frac{2}{\pi}\left[\frac{-\cos((1-2k)x)}{1-2k} - \frac{\cos((1+2k)x)}{1+2k}\right]_0^{\pi/2} \\
=& \frac{2}{\pi}\left[0+\frac{1}{1+2k}+\frac{1}{1-2k}\right] = \frac{4}{\pi}\cdot\frac{1}{1-4k^2}
\end{aligned}$$

Bestimmen wir nun die Fourierreihe, so folgt:

$$S_f(t) = \frac{2}{\pi}+\frac{4}{\pi}\sum_{k=1}^{\infty}\frac{1}{1-4k^2}\cos(2k\omega t) \tag{3.131}$$

$$= \frac{2}{\pi}-\frac{4}{\pi}\sum_{k=1}^{\infty}\frac{1}{4k^2-1}\cos(2k\omega t) = |\sin(\omega t)| \tag{3.132}$$

Wie schon im Beispiel 3.4.5 kann man auch aus der Fourierreihe (3.131) durch die Konvergenz $S_f(t) = f(t)$, $(t \in \mathbb{R})$ den Grenzwert einer weiteren Reihe ermitteln.

Bemerkung 3.4.7.
Für den Fall $t = 0$ ergibt sich aus der Fourierreihe zu $f(0)$ eine Reihenentwicklung zum Wert $\frac{1}{2}$:

$$f(0) = S_f(0) = 0 = \frac{2}{\pi} - \frac{4}{\pi}\sum_{k=1}^{\infty}\frac{1}{4k^2-1}$$

$$\Rightarrow \sum_{k=1}^{\infty}\frac{1}{(2k-1)(2k+1)} = \left(\frac{1}{1\cdot 3} + \frac{1}{3\cdot 5} + \frac{1}{5\cdot 7} + \frac{1}{7\cdot 9} + ...\right) = \frac{1}{2}$$

Wie in Beispiel 3.4.4 werden wir wieder zum Vergleich die Funktion auf $[-4, 4]$ zum Wert $\omega = \pi$ und auf dem Intervall $[-2.5, 2.5]$ jeweils ein Fourierpolynom plotten und zwar P_1 und P_{10}.

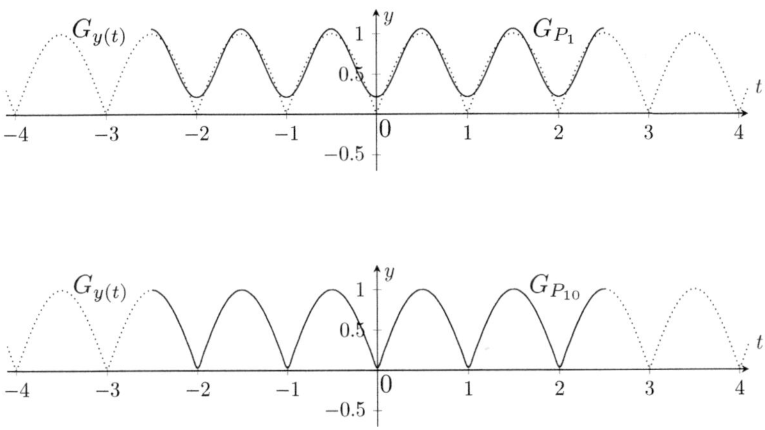

Abbildung 3.15: Vergleich P_1, P_{10} und Zweiweg-Gleichrichter (3.129)

Man erkennt hier sehr gut, wie bei einer stetigen periodischen Funktion, das Polynom sich bereits fast identisch der Funktion anschmiegt und in diesem Fall schon bei P_{10} optisch fast kein Unterschied zum Graph der periodischen Funktion erkennbar ist.

3.4.1 Kurzfragen zum Verständnis

1. Es gilt für einen Winkel φ das Additionstheorem

$$\cos(3\varphi) = 4\cos^3(\varphi) - 3\cos(\varphi)$$

Für $f(x) = \cos^3(x)$ lauten die Fourierkoeffizienten $b_k = 0$, $k \in \mathbb{N}; a_1 = \frac{3}{4}, a_3 = \frac{1}{4}$ und $a_k = 0$ sonst.

□ wahr □ falsch

2. Sind $f, g : \mathbb{R} \longrightarrow \mathbb{R}$ beide L-periodisch und stückweise stetig. Gilt $S_f(x) = S_g(x)$ für alle $x \in \mathbb{R}$, so folgt $f = g$.

□ wahr □ falsch

3. Sind $f, g : \mathbb{R} \longrightarrow \mathbb{R}$ beide L-periodisch und stückweise stetig differenzierbar. Ist f gerade und g ungerade, so lautet

$$S_{f+g}(x) = \frac{a_0(f)}{2} + \sum_{k=1}^{\infty} a_k(f)\cos\left(k\frac{2\pi}{L}x\right) + b_k(g)\sin\left(k\frac{2\pi}{L}x\right)$$

□ wahr □ falsch □ nur wenn f konstant ist

4. Sind $f, g : [a, b] \longrightarrow \mathbb{R}$ ungerade, L-periodisch und stückweise stetig differenzierbar, so gilt:

$$a_k(f \cdot g) = 0, k = 0, 1, \ldots$$

und

$$b_k(f \cdot g) = b_k(f) \cdot b_k(g),\ k = 1, 2 \ldots$$

□ wahr □ falsch

5. Ist $f : \mathbb{R} \longrightarrow \mathbb{R}$ L-periodisch und auf $[0, L[$ stetig differenzierbar, so ist f auf ganz $\mathbb{R}$ stetig.

□ wahr □ falsch

6. Sei $f : \mathbb{R} \longrightarrow \mathbb{R}$ L-periodisch, stückweise stetig und ungerade. Gilt $\lim_{x\to 0+} f(x) > 0$, so ist f bei $x = 0$ nicht stetig

□ wahr □ falsch

3.4.2 Übungen

Kl A:

1. Beweisen Sie Satz 3.4.1.

(Lösungscode: SB05FR0A001)

2. Beweisen Sie die Formeln in Proposition 3.4.1.

(Lösungscode: SB05FR0A002)

3. Die periodische Funktion eines Einweg-Gleichrichters sei gegeben durch

$$y(t) = \begin{cases} \sin(t) & t \in [0, \pi[\\ 0 & t \in [\pi, 2\pi[\\ \text{periodisch} & \text{sonst} \end{cases}$$

   (a) Skizzieren Sie den Graph von $y(t)$ für $t \in [-4\pi, 4\pi]$.

   (Lösungscode: SB05FR0A003)

   (b) Berechnen Sie die Fourierreihe S_y zu y.

   (Lösungscode: SB05FR0A004)

   (c) Wo konvergiert die Fourierreihe S_y zu y und gegen welche Werte?

   (Lösungscode: SB05FR0A005)

4. Bestimmen Sie die Fourierreihe zu

$$f(x) = \begin{cases} x^2 & \text{für } x \in [-\pi, \pi] \\ \text{periodisch} & \text{sonst.} \end{cases}$$

(Lösungscode: SB05FR0A006)

5. Bestimmen Sie die Fourierreihe zu

$$f(x) = \begin{cases} x + \pi & \text{für } x \in [-\pi, 0] \\ x - \pi & \text{für } x \in]0, \pi] \\ \text{periodisch} & \text{sonst.} \end{cases}$$

(Lösungscode: SB05FR0A007)

Kl B:

1. Gegeben sei die periodische Funktion

$$f(x) = \begin{cases} x \cdot \sin(x) & x \in [-\pi, \pi[\\ \text{periodisch} & \text{sonst} \end{cases}$$

   (a) Berechnen Sie die Fourierreihe S_f zu f.

   (Lösungscode: SB05FR0B001)

   (b) Wo konvergiert die Fourierreihe S_f zu f und gegen welche Werte?

   (Lösungscode: SB05FR0B002)

2. Berechnen Sie die Fourierreihen der folgenden periodischen Funktionen

   (a)

$$f(x) = \begin{cases} e^{-|x|} & x \in [-\pi, \pi[\\ \text{periodisch} & \text{sonst} \end{cases}$$

   (Lösungscode: SB05FR0B003)

   (b)

$$f(x) = \begin{cases} e^{-|x|} & x \in [-2, 2[\\ \text{periodisch} & \text{sonst} \end{cases}$$

   (Lösungscode: SB05FR0B004)

   (c) Eine periodische Sägezahnfunktion sei gegeben durch

$$g(x) = \begin{cases} x & x \in [0, 1[\\ 1 - x & x \in [1, 2[\\ \text{periodisch} & \text{sonst} \end{cases}$$

   i. Berechnen Sie die Fourierreihe S_g zu g.

   (Lösungscode: SB05FR0B005)

   ii. Wo konvergiert die Fourierreihe S_g zu g und gegen welche Werte?

   (Lösungscode: SB05FR0B006)

Kl C:

1. Eine 4-periodische Funktion h sei gegeben durch

$$h(s) = \begin{cases} e^s - 2 & s \in [0,4[\\ \text{periodisch} & \text{sonst} \end{cases}$$

   (a) Berechnen Sie die komplexen Fourierkoeffizienten c_k von $h(s)$.

   (Lösungscode: SB05FR0C001)

   (b) Berechnen Sie aus den c_k die reellen Fourierkoeffizienten a_k und b_k.

   (Lösungscode: SB05FR0C002)

   (c) Skizzieren Sie die Polynome P_1 und P_2.

   (Lösungscode: SB05FR0C003)

2. Es seien $f, g \in C(\mathbb{R})$ 2π-periodisch. Weiter seien a_n, b_n bzw. α_n, β_n die jeweiligen die Fourierkoeffizienten von f bzw. g. Zeigen Sie:

$$\int_{-\pi}^{\pi} f(x)g(x)dx = \pi \left(\frac{1}{2}a_0\alpha_0 + \sum_{j=1}^{\infty}(a_j\alpha_j + b_j\beta_j) \right)$$

   (Lösungscode: SB05FR0C004)

3. Gegeben sei die periodisch fortgesetzte Funktion

$$f(t) = \sin^4 t + t^3 \text{ für } -\pi \leq t < \pi$$

   (a) Skizzieren Sie die Funktion auf dem doppelten Intervall.

   (Lösungscode: SB05FR0C005)

   (b) Berechnen Sie die Fourierreihe.

   (Lösungscode: SB05FR0C006)

   (c) Beurteilen Sie die Konvergenz der Fourierreihe.

   (Lösungscode: SB05FR0C007)

   (d) Beurteilen Sie, ob sich eine Kosinusreihe (d. h. ohne Sinusglieder) oder eine Sinusreihe (d. h. ohne Kosinusglieder) ergibt?

   (Lösungscode: SB05FR0C008)

Kl D:

1. Gegeben sei die periodische Funktion

$$f(x) = \begin{cases} \ln\left(4\cos^2\left(\frac{x}{2}\right)\right) & \text{für } x \in]-\pi, \pi[\\ 0 & \text{für } x = \pi \\ \text{periodisch} & \text{sonst.} \end{cases}$$

   (a) Bestimmen Sie die Fourierreihe von f.

   (Lösungscode: SB05FR0D001)

   (b) Wo konvergiert die Fourierreihe und wo nicht?

   (Lösungscode: SB05FR0D002)

   (c) Weisen Sie für Ihre Argumentation folgende Identitäten nach.

$$\begin{aligned} 4\cos^2\left(\frac{x}{2}\right) &= 2 - 2\sin^2\left(\frac{x}{2}\right) + 2\cos^2\left(\frac{x}{2}\right) \\ 4\cos^2\left(\frac{x}{2}\right) &= 2 + 2\cos(x) \\ (1 + e^{ix})(1 + e^{-ix}) &= 2 + 2\cos(x) \end{aligned}$$

   (Lösungscode: SB05FR0D003)

2. Welche Funktion $f \in C^2([-\pi, \pi])$ (und 2π-periodisch fortgesetzt) besitzt die Fourierreihe

$$S_f(x) = -\frac{-\pi^2}{3} - 2\sum_{j=1}^{\infty} \frac{1}{j^2}\cos(jx)$$

   (Lösungscode: SB05FR0D004)

3.5 Numerische Quadratur Teil 2

Wir kommen in diesem Kapitel zu zwei weiteren Methoden der numerischen Quadratur bzw. numerischen Integration. In der ersten Methode wird bei einer gegebenen Zerlegung des Integrationsintervalls das zu berechnende Integral durch einzelne Funktionswerte und der Werte der Ableitungen an diesen Punkten ersetzt. Die zweite Methode geht es darum, sog. Gewichtsfunktionen so einzuführen, dass der Fehler der Quadratur bei einer Vorgabe von endlich vielen Stützstellen minimiert wird.

Euler-MacLaurin-Entwicklung

Ausgehend von der Sehnentrapezregel werden wir eine neue Entwicklung des betrachteten Integrals kennenlernen, die eine von (3.51) verschiedene Fehlerdarstellung liefert und als Ausgangspunkt für weitere Quadraturformeln steht.
Wir beginnen mit der Definition einer für die nachfolgenden Berechnungen praktischen Hilfsfunktion zur Darstellung des Integrals über einen Abschnitt des zugrunde liegenden Integrationsbereiches.

Definition 3.5.1. *(Hilfsfunktion)*
Wir definieren zu $m \in \mathbb{N}$ *und* $f \in C^{2m}([a,b])$ *für*

$$h = \frac{b-a}{2m} = \frac{b-a}{n}, \; x_k = x_0 + k \cdot h, \; k = 0, \ldots, n \; (x_0 = a, x_n = b)$$

die **Hilfsfunktion** $\varphi(t) = h \cdot f(x_k + th)$, $t \in [0,1]$. *Dann gilt*

$$\int_{x_k}^{x_{k+1}} f(x)dx = \int_0^1 \varphi(t)dt \tag{3.133}$$

Zur Berechnung des Integrals (3.133) wenden wir partielle Integration mit „Faktor 1“ an ($u = \varphi$, $v' = 1$) und erhalten für beliebiges $C_1 \in \mathbb{R}$

$$\begin{aligned} \int_0^1 \varphi(t)\,dt &= [(t + C_1) \cdot \varphi(t)]_0^1 - \int_0^1 (t + C_1) \cdot \frac{d\varphi}{dt}(t)\,dt \\ &= (1 + C_1) \cdot \varphi(1) - C_1 \cdot \varphi(0) - \int_0^1 (t + C_1) \cdot \frac{d\varphi}{dt}(t)\,dt \end{aligned} \tag{3.134}$$

Wollen wir aus der Integration (3.134) einen tieferen Nutzen ziehen, gilt es schrittweise vorzugehen:

1. Wenn wir für f ein Polynom ersten Grades annehmen und sowohl f, als auch φ exakt integrieren möchten, so muss gelten

$$\int_0^1 (t + C_1) \cdot \frac{d\varphi}{dt}(t)\, dt = 0$$

Da dann aber $\frac{d\varphi}{dt}$ somit konstant sein muss, erhalten wir (wenn f nicht die Nullfunktion ist) $\int_0^1 (t + C_1) dt = 0$ und damit $C_1 = -\frac{1}{2}$ und schließlich die **Sehnentrapezregel**

$$\begin{aligned} \int_0^1 \varphi(t)\, dt &= \frac{1}{2}\left(\varphi(0) + \varphi(1)\right) + R_1(\varphi) \\ R_1(\varphi) &= -\int_0^1 \left(t - \frac{1}{2}\right) \cdot \frac{d\varphi}{dt}(t)\, dt \end{aligned} \tag{3.135}$$

2. Setzt man diese Methode jetzt am Integral (3.135) weiter fort, unter Verwendung der Schreibweisen $\dot{\varphi} = \frac{d\varphi}{dt}$ und $C_2 \in \mathbb{K}$, ergibt sich, mit $u = \dot{\varphi}$, $v' = -\left(t - \frac{1}{2}\right)$,

$$\begin{aligned} R_1(\varphi) = &-\left(\frac{1}{8} + C_2\right)\left[\dot{\varphi}(1) - \dot{\varphi}(0)\right] \\ &+ \int_0^1 \left(\frac{1}{2}\left(t - \frac{1}{2}\right)^2 + C_2\right) \frac{d^2\varphi}{dt^2}(t)\, dt \end{aligned} \tag{3.136}$$

Mit der analogen Forderung, dass alle Polynome zweiten Grades f bzw. φ exakt integriert werden, folgt dann, dass das Integral in (3.136) keinen Beitrag liefern darf und damit:

$$\int_0^1 \left(\frac{1}{2}\left(t - \frac{1}{2}\right)^2 + C_2\right) \frac{d^2\varphi}{dt^2}(t)\, dt = 0 \;\Rightarrow\; C_2 = -\frac{1}{24}.$$

woraus sich die nächste Regel ergibt

$$\begin{aligned} \int_0^1 \varphi(t)\, dt &= \frac{1}{2}(\varphi(0) + \varphi(1)) - \frac{1}{12}\left(\dot{\varphi}(0) + \dot{\varphi}(1)\right) + R_2(\varphi) \\ R_2(\varphi) &= \int_0^1 \left(\frac{1}{2}\left(t - \frac{1}{2}\right)^2 - \frac{1}{24}\right) \frac{d^2\varphi}{dt^2}(t)\, dt. \end{aligned} \tag{3.137}$$

Eine allgemeine Darstellung ergibt sich durch die sogenannten *Bernoulli-Polynome*, von denen das erste als Term in (3.135) und das zweite als Term in (3.137) auftraten.

Wir werden die Bernoulli-Polynome rekursiv definieren und deren Symmetrieeigenschaft anschließend induktiv beweisen.

Definition 3.5.2. *(Bernoulli-Polynome)*
Zu $t \in [0,1]$ definieren wir die **Bernoulli-Polynome** B_j $(j \in \mathbb{N}_0)$ *wie folgt:*[22]

$$B_0 := 1$$

$$\frac{d}{dt}B_j(t) = B_{j-1}(t) \text{ mit } \int_0^1 B_j(t)\,dt = 0 \; (j \geq 1) \tag{3.138}$$

Führt man das Integral und den differenziellen Zusammenhang in (3.138) zusammen, ergibt sich:

$$\begin{aligned} \int_0^1 B_j(t)\,dt =& B_{j+1}(1) - B_{j+1}(0) = 0 \\ \Rightarrow \; B_{j+1}(1) =& B_{j+1}(0) \; \forall j \geq 1 \end{aligned} \tag{3.139}$$

Bemerkungen 3.5.1. *(Bernoulli-Polynome)*

1. *Die ersten Bernoulli-Polynome sind*

$$\begin{aligned} B_0(t) =& 1 \\ B_1(t) =& t - \frac{1}{2} \\ B_2(t) =& \frac{1}{2}\left(t - \frac{1}{2}\right)^2 - \frac{1}{24} = \frac{1}{2} \cdot \left(t^2 - t + \frac{1}{6}\right) \\ B_3(t) =& \frac{1}{6}\left(t - \frac{1}{2}\right)^3 - \frac{1}{24}\left(t - \frac{1}{2}\right) = \frac{1}{6} \cdot \left(t^3 - \frac{3}{2}t^2 + \frac{1}{2}t\right) \\ & \vdots \end{aligned}$$

2. *Im Allgemeinen sind die Bernoulli-Polynome nur bis auf den Vorfaktor $\frac{1}{j!}$ einheitlich definiert. Sie ergeben sich in Normalform, also mit Leitkoeffizient* 1, *wenn man in Definition 3.5.2 den differenziellen Zusammenhang um den Faktor j ergänzt: $\frac{d}{dt}B_j(t) = j \cdot B_{j-1}(t)$.*

[22] Die Bernoulli-Polynome wurden bei der Untersuchung von Potenzsummen entdeckt. Sie fanden später Eingang in die Euler-MacLaurin-Formel und treten darüber hinaus als Koeffizienten in Taylorreihen von trigonometrischen, hyperbolischen und anderen Funktionen ebenso auf, wie in der Zahlentheorie.

Wegen der Gleichheit an den Rändern des Definitionsbereiches ($I_t := [0,1]$), die sich in (3.139) ergeben hat, wagen wir die folgende Proposition, welche eine Symmetrie auf ganz I_t vorschlägt.

Proposition 3.5.1. *(Symmetrie der Bernoulli-Polynome)*
Seien die Bernoulli-Polynome wie in Definition 3.5.2 gegeben. Dann besitzen sie die folgende **Symmetrieeigenschaft**

$$B_j(t) = (-1)^j B_j(1-t) \ \forall\, j \geq 0 \tag{3.140}$$

Beweis.
Der Beweis zu (3.140) erfolgt durch vollständige Induktion:

1. IA: Die Behauptung ist richtig für $j = 0$ und $j = 1$. Dazu beachte man: $B_1(t) = t - \frac{1}{2}$.
2. IV: (3.140) sei korrekt bis zu einem $j \geq 1$.
3. IS: Für j aus der IV folgt:

$$\begin{aligned} B_{j+1}(t) - B_{j+1}(0) &= \int_0^t B_j(s)\,ds \overset{\text{IV}}{=} (-1)^j \int_0^t B_j(1-s)\,ds \\ &= (-1)^{j+1} \int_1^{1-t} B_j(u)\,du \\ &= (-1)^{j+1}(B_{j+1}(1-t) - B_{j+1}(1)) \end{aligned}$$

Nun unterscheiden wir zwei Fälle:

I) $j = 2m+1$ (ungerade, $m \in \mathbb{N}$):

$$\begin{aligned} &B_{j+1}(0) = B_{j+1}(1) \ \Rightarrow \\ &B_{j+1}(t) = (-1)^{2m+2}(B_{j+1}(1-t) - B_{j+1}(1)) + B_{j+1}(0) \\ &\phantom{B_{j+1}(t)} = B_{j+1}(1-t) \end{aligned}$$

II) $j = 2m$ (gerade, $m \in \mathbb{N}$):

$$\begin{aligned} &B_{j+1}(0) = B_{j+1}(1) \\ \Rightarrow\ &B_{j+1}(0) = B_{j+1}(t) - (-1)^{2m+1}(B_{j+1}(1-t) - B_{j+1}(1)) \\ &\Rightarrow B_{j+1} + B_{j+1}(1-t) = 2B_{j+1}(0). \end{aligned}$$

Wegen

$$\int_0^1 B_{j+1}(t)dt = -\int_1^0 B_{j+1}(1-t)dt = \int_0^1 B_{j+1}(1-t)dt$$

haben wir gemäß der Definition 3.5.2

$$2B_{j+1}(0) = 2\int_0^1 B_{j+1}(0)dt = 2\int_0^1 B_{j+1}(t)dt = 0\,,$$

Woraus jedoch $B_{j+1}(0) = 0$ folgt und damit

$$B_{j+1} + B_{j+1}(1-t) = 0$$

Als Letztes halten wir fest, dass der Index j gerade ist und es ergibt sich

$$B_{j+1} = (-1)^{j+1} B_{j+1}(1-t)$$

□

Bemerkungen 3.5.2.
Aus der Symmmetrieeigenschaft der Bernoulli-Polynome (3.140) und der Gleichheit der Werte an den Rändern des Definitionsintervalls (3.139) lassen sich einge Folgerungen ableiten:

1. *Es gilt für alle Bernoulli-Polynome mit ungeradem Index*

$$B_j(0) = B_j(1) = 0\,,\ \forall j = 2m+1,\ m \in \mathbb{N} \tag{3.141}$$

2. *Gilt neben (3.141) noch zusätzlich $t = \frac{1}{2}$, so folgt*

$$B_j\left(\frac{1}{2}\right) = 0\,,\ \forall j = 2m+1,\ m \in \mathbb{N}_0 \tag{3.142}$$

3. *Es gilt für alle Bernoulli-Polynome mit geradem Index* [23]

$$B_j(0) = B_j(1) \neq 0\,,\ \forall j = 2m,\ m \in \mathbb{N}_0 \tag{3.143}$$

Nun, da wir die Bernoulli-Polynome mit ihrer Symmetrieeigenschaft bestimmt haben, wenden wir diese Ergebnisse an, um eine Verbesserung der Sehnentrapezregel und damit einen kleineren Fehlerwert zu bestimmen.
Zuerst notieren wir den Fehlerterm $R_1(\varphi)$ der Sehnentrapezregel (3.135) mittels des Bernoulli-Polynoms B_1:

$$R_1(\varphi) = -\int_0^1 \left(t - \frac{1}{2}\right)\frac{d\varphi}{dt}(t)\,dt = -\int_0^1 B_1(t)\frac{d\varphi}{dt}(t)\,dt \tag{3.144}$$

[23]Der Beweis zu (3.143) ist Teil der Übungen.

Allgemein lässt sich der Fehlerterm $R_j(\varphi)$ im Integranden als Produkt des Bernoulli-Polynoms $B_j(t)$ und der j-ten Ableitung von $\varphi(t)$ ausdrücken und es folgt mittels partieller Integration:

$$\begin{aligned}\int_0^1 B_j(t)\frac{d^j\varphi}{dt^j}dt =& B_{j+1}(0)\left(\varphi^{(j)}(1)-\varphi^{(j)}(0)\right)\\ &-\int_0^1 B_{j+1}(t)\frac{d^{j+1}\varphi}{dt^{j+1}}dt \end{aligned}\tag{3.145}$$

dabei gilt in (3.145) für das Bernoulli-Polynom B_{j+1} bei geraden und ungeraden Indizes (siehe Bemerkungen 3.5.2)

$$B_{j+1}(0)=B_{j+1}(1)=\begin{cases}0 & \text{für } j=2m,\ m\geq 1\\ \neq 0 & \text{für } j=2m+1,\ m\geq 0\end{cases}$$

womit sich nach mehrfacher partieller Integration mit (3.137) die rechte Seite des Integrals (3.133) wie folgt entwickeln lässt.

Definition 3.5.3. *(Euler-MacLaurin-Entwicklung)*

$$\begin{aligned}\int_0^1 \varphi(t)\,dt =& \frac{1}{2}\left(\varphi(0)+\varphi(1)\right)-B_2(0)\left(\dot\varphi(1)-\dot\varphi(0)\right)\\ &-B_4(0)\left(\varphi^{(3)}(1)-\varphi^{(3)}(0)\right)-\ldots\\ &-B_{2m}(0)\left(\varphi^{(2m-1)}(1)-\varphi^{(2m-1)}(0)\right)\\ &+\int_0^1 B_{2m}(t)\frac{d^{2m}\varphi}{dt^{2m}}\,dt\end{aligned}\tag{3.146}$$

Setzen wir (3.146) in (3.133) ein, so ergibt sich für die linke Seite des Integrals mit den Notationen $f^{(i)}(x_k)=y_k^{(i)}$, $a=x_0$ und $b=x_n$ bezüglich einer Unterteilung des Intervalls $[a,b]$, wie in (3.46), die **verbesserte Sehnentrapezregel**

$$\begin{aligned}\int_a^b f(x)dx =& \frac{h}{2}(y_0+y_n)+h\sum_{k=1}^{n-1}y_k-\frac{h^2}{12}(y_n'-y_0')\\ &+\frac{h^4}{720}(y_n'''-y_0''')-\ldots-h^{2m}B_{2m}(0)(y_n^{(2m-1)}-y_0^{(2m-1)})\\ &+h^{2m}\int_{x_0}^{x_n}\overline{B}_{2m}(x)f^{(2m)}(x)dx.\end{aligned}\tag{3.147}$$

Hierbei stellen $\overline{B}_j(x)=B_j(\frac{x-x_k}{h})$ mit $x\in[x_k,x_{k+1}[$ die periodischen Bernoulli-Funktionen dar.

Für eine Funktion $f \in C^{2m}([a,b])$ und $[x_0, x_n] \subset [a,b]$ kann man den **Fehler der verbesserten Sehnentrapezregel** T_{vSe} angeben:

$$\int_a^b f(x)dx - T_{vSe} = \gamma_2 h^2 + \gamma_4 h^4 + \ldots + \gamma_{2m-2} h^{2m-2} + O(h^{2m}). \quad (3.148)$$

Dabei hängen in (3.148) die Koeffizienten γ_k, $k = 2, 4, \ldots, 2m-2$ nur von f und den Integrationsgrenzen, nicht aber von h ab.

Wir wollen noch kurz abschließend erwähnen, dass die in (3.146) bzw. (3.147) vorkommenden Faktoren $B_k(0)$ noch eine weitere Bedeutung haben.

Bemerkung 3.5.3. *(Bernoulli-Zahlen)*
Die Zahlen $B_k = k! \cdot B_k(0)$ *heißen* **Bernoulli-Zahlen** *und treten in der Potenzreihendarstellung der folgenden Funktion auf*

$$\frac{z}{e^z - 1} = \sum_{k=0}^{\infty} \frac{B_k}{k!} z^k = \sum_{k=0}^{\infty} B_k(0) z^k \quad (3.149)$$

(3.149) wird auch „definierende Funktion“ der Bernoulli-Zahlen genannt.

Halbierungsmethode und numerische Extrapolation

Bis jetzt haben wir für alle numerischen Integrationsmethoden eigentlich nur die Riemann-Integrierbarkeit voraussetzen müssen. Erst bei der Abschätzung des Integrationsfehlers und damit bei der Betrachtung der Konvergenz der Quadratur Formel $Q(h)$ für $h \to 0$ benötigten wir eine gewisse Differenzierbarkeit von f.

Wir wollen nun eine Methode kennenlernen, die uns die Konvergenz liefert, auch ohne Anforderung an die Differenzierbarkeit der zugrundeliegende Funktion f zu stellen. Dazu seien nun $h = \frac{b-a}{n}$ und $Q(h)$ eine Quadraturformel, die eine Fehlerberechnung $R(f)_h$ in der Form (3.148) mit $\gamma_2 \neq 0$ gestattet. Dann notieren wir den Fehler

$$R(f)_h = \int_a^b f(x)dx - Q(h) = \gamma_2 h^2 + \gamma_4 h^4 + \ldots + \gamma_{2m-2} h^{2m-2} + O(h^{2m})$$

Halbieren wir die Schrittweite h, so ergibt sich für den Fehler

$$\begin{aligned}R(f)_{\frac{h}{2}} =& \int_a^b f(x)dx - Q\left(\frac{h}{2}\right)\\ =&\gamma_2\left(\frac{h}{2}\right)^2 + \gamma_4\left(\frac{h}{2}\right)^4 + \ldots + \gamma_{2m-2}\left(\frac{h}{2}\right)^{2m-2} + O\left(\left(\frac{h}{2}\right)^{2m}\right)\end{aligned}$$

und wenn wir jetzt die Fehler $R(f)_h$ und $R(f)_{\frac{h}{2}}$ so zusammenführen, dass der Term mit dem größten Beitrag von h, nämlich h^2, entfällt und den verbleibenden Restterm mitteln, folgt

$$\int_a^b f(x)dx - \frac{4Q(\frac{h}{2}) - Q(h)}{3} = \gamma_4' h^4 + \ldots + \gamma_{2m-2}' h^{2m-2} + O(h^{2m}) \tag{3.150}$$

mit den Koeffizienten

$$\gamma_{2j+2}' = \frac{2^{2j} - 1}{3 \cdot 2^{2j}} \gamma_{2j+2},\ j = 1, \ldots, m-2$$

Folglich erhalten wir aus (3.150) eine neue Quadraturformel

Definition 3.5.4. *(Romberg-Verfahren)*
Die Schrittweitenhalbierung mit gewichteter Mittlung (3.150) führt auf die Quadraturformel, die auch als **Halbierungsverfahren** *oder* **Romberg-Verfahren** *bezeichnet wird.*

$$Q'\left(\frac{h}{2}\right) = \frac{4Q(\frac{h}{2}) - Q(h)}{3}, \tag{3.151}$$

Bemerkung 3.5.4.
Das Romberg-Verfahren verhält sich, wie wir noch sehen werden, hinsichtlich des Quadraturfehlers in der Abhängigkeit von der Schrittweite h wesentlich besser, als die Newton-Cotes-Formeln.

Die Methode der Schrittweitenhalbierung mit gewichteter Mittlung kann in dieser Form fortgesetzt werden. Wir wollen das Vorgehen am einfachsten Beispiel, dem des Sehnentrapezverfahrens, demonstrieren. In (3.147) haben wir für eine Funktion $f \in C^{2m}([a, b])$ die verbesserte Sehnentrapezregel kennengelernt.

Wir beginnen mit der gröbsten Schrittweite $h = b - a$ und definieren die Quadraturformel als $T_0^{(i)} = T_{vSe}\left(\frac{h}{2^i}\right)$, mit den Teilungsschritten $i = 0, 1, \ldots$, womit sich die einzelnen Verfahren wie folgt angeben lassen:

$$
\begin{aligned}
T_0^{(0)} &= T_{vSe}(h) = \frac{h}{2}\left(y_0 + y_1\right) \qquad (3.152)\\
T_0^{(1)} &= T_{vSe}\left(\frac{h}{2}\right) = \frac{h}{4}\left(y_0 + 2y_{\frac{1}{2}} + y_1\right)\\
&\vdots\\
T_0^{(i)} &= T_{vSe}\left(\frac{h}{2^i}\right) = \frac{h}{2\cdot 2^i}\left(y_0 + 2y_{\frac{1}{2^i}} + \ldots + y_{1-\frac{1}{2^i}} + y_1\right)\\
&\vdots
\end{aligned}
$$

mit der Notation für die Funktionswerte $y_\tau = f(x_\tau)$ an den Stützstellen $x_\tau = a + \tau h$, $\tau = 0, \ldots, 2^i$.
Die jeweilige Mittlung wie in (3.151) bringt uns zu Quadraturformeln T_1

$$
\begin{aligned}
T_1^{(0)} &= \frac{4T_0^{(1)} - T_0^{(0)}}{3}\\
&\vdots\\
T_1^{(i-1)} &= \frac{4T_0^{(i)} - T_0^{(i-1)}}{3}\\
&\vdots
\end{aligned}
$$

Wenn man die gemittelten Werte der Quadraturformeln erneut mittelt, kann das Verfahren zu $T_j^{(i)}$ in offensichtlicher Weise fortgeführt werden und es ergibt sich

Definition 3.5.5. *(allgemeine Quadraturformel des Romberg-Verfahrens) Seien Quadraturformeln, wie in (3.152) gegeben, dann kann das Romberg-Verfahren aus Definition 3.5.4 durch die folgende* **allgemeine Quadraturformel** *systematisch durch Halbierung auf beliebig feine Unterteilungen gleicher Schrittweite erweitert werden*

$$
T_j^{(i)} = \frac{2^{2j} T_0^{(i+1)} - T_{j-1}^{(i)}}{2^{2j} - 1}, \quad i = 0, 1 \ldots, \quad j = 1, 2, \ldots, m-1. \qquad (3.153)
$$

Die folgende tabellarische Darstellung zeigt den systematischen Zusammenhang zwischen den Quadraturformeln $T_j^{(i)}$:

$$\begin{array}{ccccccc} T_0^{(0)} & & & & & & \\ & \ddots & & & & & \\ T_0^{(1)} & --- & T_1^{(0)} & & & & \\ & \ddots & & \ddots & & & \\ T_0^{(2)} & --- & T_1^{(1)} & --- & T_2^{(0)} & & \\ \vdots & & \vdots & & \vdots & \ddots & \end{array} \tag{3.154}$$

Bemerkungen 3.5.5.

- *In der tabellarischen Darstellung (3.154) stehen die Summanden, aus denen sich eine Quadraturformel* $T_j^{(i)}$ *zusammensetzt immer links und links-oberhalb von* $T_j^{(i)}$.
- *Allgemein kann man das Romberg-Verfahren für die Sehnentrapezregel wie folgt beschreiben: Seien* $[a,b] = [0,1]$, $f : [0,1] \longrightarrow \mathbb{R}$ *integrierbar und* $(h_i)_{i\in\mathbb{N}_0}$ *eine monoton fallende Nullfolge mit* $h_0 \geq 1$. *Wenn die Berechnung des Integrals* $\int_0^1 f(x)dx$ *dann mittels der Sehnentrapezsummen* $T_{Se}(h_i) = T_0^{(i)}$ *erfolgen soll, wendet man die Sehnentrapezregel* $(m+1)$*-mal an und erhält so die Wertepaare*

$$\left(h_0, T_0^{(0)}\right), \ldots, \left(h_m, T_0^{(m)}\right)$$

Es drängt sich nun nach Bemerkungen 3.5.5 und (3.153) die Idee auf, durch Interpolation für den Grenzwert der Folge $(h_i)_{i\in\mathbb{N}_0} \to 0$ einen neuen Näherungswert für das Integral $\int_0^1 f(x)dx$ zu ermitteln.
Wählt man nun ein gerades Interpolationspolynom, dann ist es unter allen Polynomen vom Höchstgrad m in h^2 eindeutig bestimmt. Die Lagrange-Darstellung dieses Polynoms gemäß (3.3) und (3.4) lautet dann:

$$p(h^2) = \sum_{i=0}^{m} T_0^{(i)} \prod_{k=0,k\neq i}^{m} \frac{h^2 - h_k^2}{h_i^2 - h_k^2}$$

Zur Berechnung des Wertes $p(0)$ kann man die Methode nach Aitken-Neville (siehe Abschnitt 3.1.3) verwenden: Aus

$$\begin{aligned} T_{j+1}^{(i)} &= \frac{1}{h_{i+j+1}^{i} - h_i^2} \begin{vmatrix} T_j^{(i)} & h_i^2 \\ T_j^{(i+1)} & h_{i+j+1}^2 \end{vmatrix} \\ &= \frac{h_i^2 T_j^{(i+1)} - h_{i+j+1}^2 T_j^{(i)}}{h_i^2 - h_{i+j+1}^2} \text{ für} \qquad (3.155) \\ & i = 0, 1, \ldots, m-1, \; j = 0, 1, \ldots, m-i-1 \end{aligned}$$

und nach (3.29) ergibt sich für das Schema (siehe Abschnitt 3.1.3) formal die Gestalt in (3.154). Daraus folgt

$$p(0) = T_m^{(0)}$$

Wählt man im Halbierungsverfahren $h_i = 2^{-i}$, dann erhalten wir aus (3.153)

$$T_{j+1}^{(i)} = \frac{4^{j+1} T_j^{(i+1)} - T_j^{(i)}}{4^{j+1} - 1}$$

Damit kann man das Halbierungsverfahren als fortlaufende Extrapolation mit $h = 0$ auffassen und mit den eben verwendeten Bezeichnungen einen Konvergenzsatz, den wir hier nicht beweisen (Beweis siehe z. B. [HH]), formulieren .

Satz 3.5.1. *(Konvergenzsatz zum Romberg-Verfahren)*
Es sei $f : [0,1] \longrightarrow \mathbb{R}$ integrierbar und es gelte für die Schrittweiten h_i:

$$\exists \, C \in \mathbb{R}, C \geq 1 \; \forall \, i \in \mathbb{N}_0 : \; \left(\frac{h_i}{h_{i+1}}\right)^2 \geq C$$

Dann folgt:

$$\lim_{j\to\infty} T_j^{(0)} = \lim_{i\to\infty} T_0^{(i)} = I := \int_0^1 f(x)dx \qquad (3.156)$$

Man sieht also, dass unter sehr schwachen Voraussetzungen an f (nur die Integrierbarkeit war gefordert), die durch die Extrapolationsmethode gewonnenen Näherungswerte konvergieren.

Für die praktische Anwendung ist man natürlich an einer Konvergenz nach wenigen Rechenschritten bei kleinem Fehler interessiert. Um eine solche gute „Konvergenzgeschwindigkeit“ zu erreichen, muss man von f schlussendlich stärkere Voraussetzungen verlangen, wie wir es z. B. beim Romberg-Verfahren mit Hilfe der mehrfachen Differenzierbarkeit von f angesetzt haben.

Numerische Quadratur nach Gauß

Bis jetzt haben wir Verfahren entwickelt, die auf einer festen Einteilung des Integrationsintervalls $[a, b]$ aufbauten. Es ergab sich im Prinzip jeweils eine Darstellung der Form

$$\int_a^b f(x)dx = \sum_{j=1}^{n} \gamma_j f(x_j) + R_n(f) \tag{3.157}$$

Nun kann man in (3.157) nicht nur die Gewichte γ_j als Parameter ansehen und bestimmen, wie z. B. bei der Trapez- und Simpsonregel, sondern auch die Stützstellen x_j selbst[24].
D. h., man ermittelt ein neues Verfahren und versucht, neben den Parametern γ_j auch die Stützstellenwahl x_j zu optimieren, so dass der Fehler $R_n(f)$ möglichst klein gehalten werden kann, was wieder eine große Genauigkeit der Quadratur zum Ziel hat.

Ansatz nach Gauß

Zu einem vorgegebenen $n \in \mathbb{N}$ sollen $2n$ noch unbekannte Parameter (γ_j, x_j) für $j = 1, \ldots, n$ bestimmt werden, so dass Polynome $p \in \mathbb{P}_{2n-1}$ exakt integriert werden. D. h. wir suchen die Gewichte γ_j und die Stützstellen x_j so, dass für alle Polynome $p \in \mathbb{P}_{2n-1}$ gilt:

$$\int_a^b p(x)dx = \sum_{j=1}^{n} \gamma_j \cdot p(x_j) \tag{3.158}$$

Mit Hilfe des Interpolationsansatzes von Lagrange (3.4) kann man bekanntlich zu einem gegebenen Polynom $p \in \mathbb{P}_{2n-1}$ genau ein Interpolationspolynom $P \in \mathbb{P}_{n-1}$ finden, welches an den Stützstellen $x_1, \ldots, x_n$ exakt die Werte $p(x_1), \ldots, p(x_n)$ annimmt, also sich in der Form

$$P(x) = \sum_{j=1}^{n} q_j(x)p(x_j) \tag{3.159}$$

darstellen lässt. Die Gewichte $q_j(x) \in \mathbb{P}_{n-1}$ in (3.159) sind durch die Lagrange-Polynome (3.4) gegeben. Nach Satz 3.1.2 kann man nun jedes Polynom $p \in \mathbb{P}_{2n-1}$, mit geeignetem $\tilde{p} \in \mathbb{P}_{n-1}$, in folgender Form

[24] Die Größen γ_j und x_j besitzen denselben Wertebereich für ihren Index j, den wir hier der Einfachheit halber $\{1, \ldots, n\}$ gewählt haben.

schreiben (siehe (3.2))

$$p(x) = P(x) + (x - x_1) \cdot \ldots \cdot (x - x_n) \cdot \tilde{p}(x) \tag{3.160}$$

Unsere Forderung (3.158) an eine neue Quadraturformel besagt somit, dass bei der Anwendung auf (3.160) die folgende Gleichheit gegeben sein muss

$$\begin{aligned}\sum_{j=1}^{n} \gamma_j p(x_j) = &\sum_{j=1}^{n} \left(\int_a^b q_j(x) dx \right) \cdot p(x_j) \\ &+ \int_a^b \left((x - x_1) \cdot \ldots \cdot (x - x_n) \cdot \tilde{p}(x) \right) dx \end{aligned} \tag{3.161}$$

und zwar für alle $\tilde{p} \in \mathbb{P}_{n-1}$ und für jede Wahl von Werten $p(x_j)$, $j = 1, \ldots, n$.

Definition 3.5.6. *(Orthogonalitätspostulat)*
Setzt man in (3.161) $p(x_j) = 0$ für $j = 1, \ldots, n$, so erhält man das **Orthogonalitätspostulat**

$$\int_a^b \left((x - x_1) \cdot \ldots \cdot (x - x_n) \cdot \tilde{p}(x) \right) dx = 0 \tag{3.162}$$

für jedes Polynom $\tilde{p} \in \mathbb{P}_{n-1}$ als notwendige Bedingung zur Erfüllung der Forderung (3.158).

Bemerkungen 3.5.6.

1. *Das Postulat (3.162) ist nichts anderes als die Orthogonalitätsbedingung, die zur Konstruktion der Legendre-Polynome führte und diese charakterisiert.*

2. *Setzt man $[a, b] = [-1, 1]$, ist (3.162) erfüllt durch*

$$\tilde{L}_n(x) = (x - x_1) \cdot \ldots \cdot (x - x_n)$$

3. *Die Nullstellen x_j der Legendre-Polynome sind nach dem Nullstellensatz 3.3.5 alle einfach und reell und liegen in $]-1, 1[$. Damit sind sie als Stützstellen einer Quadraturformel verwendbar.*

Für die spezielle und hier notwendige Auswahl $q_i(x_j) = \delta_{ij}$, $i, j = 1, \ldots, n$, ergeben sich für die Gewichte aufgrund der Forderung (3.158) sofort

$$\gamma_j = \int_{-1}^{1} q_j(x)\, dx.$$

Wie wir im nächsten Schritt sehen, ist diese Wahl der Stützstellen bzw. Gewichte auch hinreichend.

Definition 3.5.7. *(Gaußsche Quadraturformel)*
Wählt man als Stützstellen für die Quadratur einer Funktion $f : [-1,1] \to \mathbb{R}$ *die Nullstellen* $(x_j)_{1 \leq j \leq n}$ *der Legendre-Polynome* L_n $(n \in \mathbb{N})$*, verwendet als Gewichte*

$$\gamma_j = \int_{-1}^{1} q_j(x)dx$$

und setzt in die allgemeine Quadraturformel

$$\int_{-1}^{1} f(x)dx = \sum_{j=1}^{n} \gamma_j f(x_j) + R_n(f), \tag{3.163}$$

ein, so erhält man die **Gaußsche Quadraturformel***, mit der Gleichheitsbedingung*

$$\int_{-1}^{1} f(x)dx = \sum_{j-1}^{n} \gamma_j f(x_j) \quad \text{mit } R_n(f) = 0 \tag{3.164}$$

für alle Polynome $f = p \in \mathbb{P}_{2n-1}$.

Bemerkungen 3.5.7.

1. *Da man jedes Intervall* $[a,b] \subset \mathbb{R}$ *mittels der Transformation*

$$t = 2 \cdot \frac{x-a}{b-a} - 1$$

auf $[-1,1]$ *überführen kann, bedeutet die Festlegung von* f *in Definition 3.5.7 auf* $[-1,1]$ *keine Einschränkung.*

2. *Allgemein kann man übrigens in (3.164) eine allgemeine stetige Gewichtsfunktion* $w : [-1,1] \longrightarrow \mathbb{R}$*, mit* $w \geq 0$ *der Berechnung dem Integrals* $\int_{-1}^{1} w(x)f(x)dx$ *hinzufügen, um den Fehler der Quadratur weiter zu verringern.*
Solche Gaußformeln sind z. B. die **Gauß-Randau-Formeln** *wenn* $w(x) = 1 - x^2$ *ist oder die* **Gauß-Lobatto-Formeln***, mit* $w(x) = (1-x)^{\alpha}(1+x)^{\beta}$*,* $\alpha, \beta > -1$ *(siehe z. B.[HH]).*
Für $w = 1$*, wie in Definition 3.5.7, nennt man die Formeln auch* **Gauß-Legendre-Formeln**.

Wie bisher bei jeder Quadraturformel sind auch bei (3.163) die Gewichte γ_j zu berechnen. Bei der Gaußschen Quadraturformel kann man darauf zurückgreifen, dass die Gewichte grundsätzlich positiv sind, was sich wie folgt erschließt.

Mit $q_j \in \mathbb{P}_{n-1}$ folgt $q_j^2 \in \mathbb{P}_{2n-2}$. Nimmt man nun noch die Forderung $q_j(x_i) = \delta_{ij}$ hinzu, ergibt sich nach Definition 3.5.7 die Darstellung der Gewichte

$$\gamma_j = \sum_{i=1} \gamma_{ni} q_{n-1,j}^2(x_i) = \int_{-1}^{1} q_{n-1,j}^2(x)\,dx$$

und so haben wir gleichzeitig auch die **Positivität der Gewichte**

$$\gamma_j = \int_{-1}^{1} q_{n-1,j}^2(x)\,dx > 0,\ j = 1,\ldots,n \tag{3.165}$$

Bemerkung 3.5.8.
Man kann sich klarmachen, dass (3.165) auch für andere Gewichte als $w = 1$ gelten wird (siehe Bemerkung 3.5.7). Wir werden uns aber auf die Behandlung des Falles $w = 1$ beschränken. Interessierte Lesende verweisen wir gerne auf [HH].

Gauß-Quadratur als Interpolationsquadratur

Man kann die Gauß-Quadratur aus Definition 3.5.7 auch als eine einfache Quadratur auf Basis einer Interpolation verstehen. Um dies zu zeigen, wählt man die Hermitesche-Interpolation (3.1.3) zu einer gegebenen Funktion $f \in C^{(2n)}([-1,1])$, wobei wir als Stützstellen die Nullstellen des Legendre-Polynoms L_n nehmen. Dann gilt die Identität:

$$f(x) = \sum_{j=1}^{n} (\varphi_{2n-1,j}(x) f(x_j) + \chi_{2n-1,j}(x) f'(x_j)) + R_n(x), \tag{3.166}$$

mit den Gewichtsfunktionen

$$\begin{aligned} \chi_{2n-1,j}(x) &= q_{n-1,j}^2(x)(x - x_j) \\ \varphi_{2n-1,j}(x) &= q_{n-1,j}^2(x)(c_{2n-1,j}x + d_{2n-1,j}) \ , \end{aligned} \tag{3.167}$$

$c_{2n-1,j}, d_{2n-1,j}$ wie in (3.30), $q_j \in \mathbb{P}_{n-1}$ und dem Fehlerterm

$$R_n(x) = \frac{f^{(2n}(\xi^*)}{(2n)!}(x - x_1)^2 \cdot \ldots \cdot (x - x_n)^2 \tag{3.168}$$

bei geeignetem $\xi^* \in]-1,1[$.
Integriert man die Identität (3.166) über dem Intervall $[-1,1]$, folgt

$$\begin{aligned}\int_{-1}^{1} f(x)dx =& \sum_{j=1}^{n}\left(\int_{-1}^{1}\varphi_{2n-1,j}(x)dx\right)f(x_j)\\ &+\sum_{j=1}^{n}\left(\int_{-1}^{1}\chi_{2n-1,j}(x)dx\right)f'(x_j)+R_n(f),\end{aligned}$$

und das Integral über den Anteil der Gewichtsfunktion χ ergibt sich zu:

$$\int_{-1}^{1}\chi_{2n-1,j}(x)\,dx = \left(\prod_{i=1,I\neq j}^{n}(x_j-x_i)\right)^{-1}\int_{-1}^{1}\hat{L}_n(x)q_j(x)dx = 0$$

für alle $j = 1,\ldots,n$. Da zusätzlich für ein Polynom $(2n-1)$-ten Grades, welches für f eingesetzt werden würde, auch $R_n(f) = 0$ gilt, haben wir es erneut mit einer Gauß-Quadratur zu tun.

Fehlerabschätzung

Aus der Darstellung des Restglieds gemäß (3.166) erhalten wir für $f \in C^{(2n)}([-1,1])$ die Form des Integrationsfehlers

$$\begin{aligned}R_n(f) =& \int_{-1}^{1}\left(\frac{f^{(2n)}(\xi^*)}{(2n)!}\cdot(x-x_1)^2\cdot\ldots\cdot(x-x_n)^2\right)dx\\ =&\frac{f^{(2n)}(\xi^*)}{(2n)!}\cdot\|\hat{L}_n\|_2^2 \end{aligned}\tag{3.169}$$

mit geeignetem $\xi \in]-1,1[$.
Blickt man auf die Herleitung der Legendre-Polynome (3.3.6) zurück, so ergibt sich die Darstellung der gesuchten Norm in (3.169)

$$\|\hat{L}_n\|_2 = \frac{n!}{(2n)!}\frac{1}{c_n} = \frac{n!}{(2n)!}2^n(n!)\left(\frac{2}{2n+1}\right)^{\frac{1}{2}} = \frac{(n!)^2\cdot 2^n}{(2n)!}\sqrt{\frac{2}{2n+1}}$$

Daraus leitet sich somit der
Fehlerterm der Gauß-Quadratur bei n Stützstellen

$$R_n(f) = \frac{2^{2n+1}(n!)^4}{((2n)!)^3(2n+1)}\cdot f^{(2n)}(\xi^*),\tag{3.170}$$

wobei auch hier ein geeignetes $\xi^* \in]-1,1[$ gewählt wurde und durch das Maximum für $f^{(2n)}$ der Fehler entsprechend abgeschätzt werden kann.

3.5.1 Kurzfragen zum Verständnis

1. Die Integrationsmethode nach Euler-McLaurin verwendet Polynome nach

   □ Legendre □ Bernoulli □ Lagrange

2. Das Rombergverfahren kann durch die Sehnentrapezregel dargestellt werden.

   □ wahr □ falsch

3. Das Rombergverfahren wird iterativ definiert.

   □ wahr □ falsch

4. Zu jedem $n \in \mathbb{N}$ findet man mit der Gauß-Methode zur Integration eine Formel, die jedes $p \in \mathbb{P}_n$ exakt integriert

   □ wahr □ falsch

5. Die Lagrange-Polynome werden bei der Gauß-Integration verwendet für die

   □ Gewichte □ Interpolationsstellen

6. Die Nullstellen der Legendre-Polynome verwendet man für die

   □ Gewichte □ Interpolationsstellen

3.5.2 Übungen

Kl A:

1. Rechnen Sie Gleichung (3.133) nach.

(Lösungscode: SB05NQ2A001)

2. Berechnen Sie

   (a) die ersten acht Bernoulli-Polynome.

   (Lösungscode: SB05NQ2A002)

   (b) die Bernoulli-Zahlen B_k, $k = 0, \ldots, 8$

   (Lösungscode: SB05NQ2A003)

3. Warum werden die Bernoulli-Polynome $\overline{B}_j$ in (3.147) als periodisch bezeichnet? (Begründen Sie Ihre Antwort.)

(Lösungscode: SB05NQ2A004)

Kl B:

1. Betrachten Sie auf $[-1, 1]$ die Funktion $f(x) = |x - \frac{1}{2}|(x - \frac{1}{2})$. Berechnen Sie das Integral $\int_{-1}^{1} f(x)dx$ näherungsweise nach der Simpsonregel mit

   (a) 3 Stützstellen

   (Lösungscode: SB05NQ2B001)

   (b) 5 Stützstellen

   (Lösungscode: SB05NQ2B002)

   (c) 7 Stützstellen

   (Lösungscode: SB05NQ2B003)

Kl C:

1. Beweisen Sie Gleichung (3.143).

(Lösungscode: SB05NQ2C001)

2. Betrachten Sie auf $[-1, 1]$ die Funktion $f(x) = |x - \frac{1}{2}|(x - \frac{1}{2})$. Berechnen Sie das Integral $\int_{-1}^{1} f(x)dx$ näherungsweise nach Gauss-Legendre mit

   (a) 2 Stützstellen

   (Lösungscode: SB05NQ2C002)

   (b) 4 Stützstellen

   (Lösungscode: SB05NQ2C003)

   (c) 6 Stützstellen

   (Lösungscode: SB05NQ2C004)

3. Betrachten Sie auf $I = [\frac{\pi}{3}, \frac{\pi}{3} + \frac{\pi}{2}]$ die Funktion $f(x) = \sin^2(x)$. Berechnen Sie das Integral $\int_I f(x)dx$ näherungsweise nach Gauss-Legendre mit

   (a) 2 Stützstellen

   (Lösungscode: SB05NQ2C005)

   (b) 4 Stützstellen

   (Lösungscode: SB05NQ2C006)

   (c) 6 Stützstellen

   (Lösungscode: SB05NQ2C007)

Kl D:

1. Betrachten Sie das Intervall $[a, b] = [-1, 1]$. Legen Sie in der Gauss-Integrationsformel 3.157 zwei Stützstellen als Randpunkte fest, d. h. $x_0 = -1$ und $x_1 = 1$.
   Finden Sie nun, mit Beweis, Gewichte

   $$\gamma_{3j} = \gamma_j, \; j = 0, \ldots, 3$$

   und zwei weitere Stützstellen $x_2, x_3 \in]-1, 1[$, so dass für die Quadraturformel

   $$Q_3(f) = \gamma_0 f(-1) + \gamma_1 f(1) + \gamma_2 f(x_2) + \gamma_3 f(x_3)$$

   Polynome mit möglichst hohem Grad exakt integriert werden.

   (Lösungscode: SB05NQ2D001)

2. Gegeben sei eine stetige Funktion $f : [-1, 1] \longrightarrow \mathbb{R}$. Entwickeln Sie eine Formel der Gestalt

$$Q(f) = \gamma_1 f(x_1) + \gamma_2(f(1) - f(-1))$$

mit x_1 geeignet, so dass Polynome mit möglichst hohem Grad exakt integriert werden.

(Lösungscode: SB05NQ2D002)

4. Probeklausuren

In diesem letzten Abschnitt präsentieren wir drei Probeklausuren zu den Inhalten dieses Buches. Diese Probeklausuren sollen eine Idee einer möglichen Klausur als Abschlussprüfung einer einsemestrigen Vorlesung darstellen.
Als Abschluss dieses Buches ist es sinnvoll, sich mit Hilfe dieser Probeklausuren selbst zu testen, so dass Sie für sich eine Antwort auf jede der folgenden Fragen finden können:

1. Welchen Anteil der jeweiligen Probeklausur konnte ich in der vorgegebenen Zeit lösen?
2. Welchen Anteil der jeweiligen Probeklausur konnte ich in der vorgegebenen Zeit noch nicht lösen?
3. Welche Informationen fehlten mir, um die Probeklausuren jeweils zu mindestens 70 % korrekt lösen zu können?
4. Lagen meine Schwierigkeiten eher im Bereich der Anwendung der Rechenmethodiken oder im Verständnis der Problemstellungen?
5. Welche Symbole habe ich noch nicht verstanden?
6. Welche Begriffe habe ich noch nicht verstanden?
7. In welchen Rechenmethodiken bin ich noch nicht sattelfest?
8. Welche Kapitel aus dem Buch sollte ich noch einmal wiederholen und durcharbeiten?
9. Welche Verständnisfragen aus dem Buch sollte ich noch einmal durcharbeiten?
10. Welche Übungen sollte ich noch einmal durcharbeiten?

G. Schlüchtermann und N. Mahnke, *Basiswissen Ingenieurmathematik Band 5*,
https://doi.org/10.1007/978-3-658-48684-6_4

Bevor es losgeht, hier noch ein paar Tipps zum Umgang mit den Probeklausuren.

Planen Sie einen festen Zeitraum für die Probeklausuren ein, beginnend mit 10 min Vorbereitungszeit bevor Sie die Probeklausur schreiben und 10 min Nachbereitungszeit nachdem Sie die Probeklausur geschrieben haben. Eliminieren Sie alle möglichen Störungsquellen, um sich über die vorgegebene Bearbeitungszeit ungestört auf die Probeklausur konzentrieren zu können. So können Sie für den Zeitraum z. B. Ihr Smartphone und Ihren Computer ausschalten und für andere ein „Bitte nicht stören“ Schild an Ihre Zimmertür hängen. Seien Sie kreativ und Ihren persönlichen Umständen gegenüber angemessen.

Halten Sie Bearbeitungspapier, Stift und Zeichenmaterial bereit.

Es ist auch gut, immer etwas zu trinken griffbereit zu haben (nur nichtalkoholische Getränke) und manchem hat auch schon ein Gehörschutz zur Reduktion von Störgeräuschen geholfen. Es gibt zudem viele Bücher mit guten Tipps für die Klausurvorbereitung in ingenieurwissenschaftlichen Fächern.

Haben Sie sich und Ihre Umgebung gut vorbereitet, dann kann es losgehen. Auf den folgenden Seiten finden Sie die Probeklausuren:

Probeklausur 1

Bearbeitungsdauer : 60min	4 Aufgaben

WICHTIG:
Das Ergebnis allein zählt nicht. Der Rechenweg muß erkennbar sein!

Aufgabe 1 : Verständnisfragen

1. Sind $f, g : [a, b] \longrightarrow \mathbb{R}$ integrierbar mit $g(x) > 0$, so gilt
$$\int \frac{f(x)}{g(x)} dx = \frac{F(x)}{G(x)} + C\,,\; C \in \mathbb{R}$$
wobei F bzw. G Stammfunktion zu f bzw. g ist.
□ wahr □ falsch

2. Beim Newtonverfahren der Interpolation muss man bei Erweiterung der Stützstellanzahl alle Polynome neu berechnen.
□ wahr □ falsch

Aufgabe 2
Gegeben seien
$$F(x) = \int_0^x \left(\sin(t^2)\right) \ln(1+t) dt$$
und
$$G(x) = \int_0^{e^x} \left(\sin(t^2)\right) \ln(1+t) dt$$
Bestimmen Sie die Ableitungen $F'(x)$ und $G'(x)$.

Aufgabe 3
Weisen Sie nach oder widerlegen Sie: Die Reihe
$$\sum_{n=1}^{\infty} \frac{1}{e^{\sqrt{n}}\sqrt{n}}$$
konvergiert.

Aufgabe 4
Es sei $f(x) = ax^2 + bx + c$ gegeben.

1. Zeigen Sie für $h > 0$:

$$\int_{-h}^{h} f(x)\,dx = \frac{h}{3}\left(f(-h) + 3f(0) + f(h)\right)$$

   (Bemerkung: Die Formel wird Prismoidal-Formel genannt und war bereits den Griechen bekannt.)

2. Sei nun zusätzlich $x_0 \in \mathbb{R}$. Weisen Sie für $h > 0$ nach:

$$\int_{x_0-h}^{x_0+h} f(x)\,dx = \frac{h}{3}\left(f(x_0 - h) + 3f(x_0) + f(x_0 + h)\right)$$

(Lösungscode: SB05PB01060)

Probeklausur 2

Bearbeitungsdauer	:	90min	5 Aufgaben

WICHTIG:
Das Ergebnis allein zählt nicht. Der Rechenweg muß erkennbar sein!

Aufgabe 1 : Verständnisfragen

1. Ist $f : [-1,1] \longrightarrow \mathbb{R}$ monoton und punktsymmetrisch, dann gilt $\int_{-1}^{1} f(x)dx = 0$.

   □ wahr □ falsch

2. Ist $f : [0,\infty[\longrightarrow \mathbb{R}$, so ist f uneigentlich Riemann-integrierbar genau dann, wenn für jede Stammfunktion F von f gilt, dass $\lim_{t\to\infty} F(t)$ existiert.

   □ wahr □ falsch

3. Will man bestehende Stützstellen erweitern, so hat das Newton-Interpolationverfahren Vorteile gegenüber dem Lagrange-Interpolationverfahren.

   □ wahr □ falsch

4. Die Abschätzung des Quadraturfehlers liefert bei der $\frac{3}{8}$-Formel einen besseren Wert als bei der Simpsonregel bei gleicher Schrittweite und identischen Stützstellen.

   □ wahr □ falsch

Aufgabe 2

Gegeben sei $f : \mathbb{R} \longrightarrow \mathbb{R}$ stetig und ungerade. Man definiere

$$F(t) = \int_0^t f(x)dx \quad (t \in \mathbb{R})$$

Welche Eigenschaften hat F? D. h. ist F stetig, differenzierbar und welche Symmetrieeigenschaft hat u. U. F? Wie sieht es aus, wenn f gerade ist? Begründen Sie Ihre Antwort.

Aufgabe 3
Gegeben sei die Funktion $f :]0, \infty[\longrightarrow \mathbb{R}$, $f(x) = \frac{\ln(x)}{x^3}$.

1. Bestimmen Sie die Extremwerte (Maxima und Minima) der Funktion, falls sie existieren.

2. Untersuchen Sie die Konvergenz der Integrale

$$\int_0^1 f(x)dx \text{ und } \int_1^\infty xf(x)dx.$$

Aufgabe 4
Zu einer auf $[a, b]$ stetigen Funktion f und den Stützstellen

$$x_0, x_1, \ldots, x_n \in [a, b]$$

sei $I_n(f) = p_n \in \mathbb{P}_n$ das eindeutig bestimmte Interpolationspolynom n-Grades. Dann definiert

$$I_n : C([a, b]) \longrightarrow \mathbb{P}_n; \; f \longmapsto I_n(f) = p_n$$

eine Abbildung. Zeigen Sie

1. I_n ist linear.

2. $\exists\, C > 0 \;\forall\, f \in C([a, b]) : \; \|I_n(f)\|_\infty \leq C\|f\|_\infty$

Aufgabe 5
Es seien $V = \mathbb{R}^n$ und $U = \{x \in V;\; -1 \leq x_i \leq 1;\; i = 1, \ldots, n\}$ Zeigen Sie:

$$\forall\, x \in V \;\exists\, y \in U \;\forall\, z \in V : \; \|x - y\|_2 \leq \|z - x\|_2,$$

d. h., zu jedem $x \in V$ gibt es ein eindeutiges $y \in U$, so dass y das Proximum an x ist bezüglich der euklidischen Norm $\|\cdot\|_2$.

(Lösungscode: SB05PB02090)

Probeklausur 3

Bearbeitungsdauer : 120min	6 Aufgaben

WICHTIG:
Das Ergebnis allein zählt nicht. Der Rechenweg muß erkennbar sein!

Aufgabe 1 : Verständnisfragen

1. Ist $f : [a,b] \longrightarrow \mathbb{R}$ monoton und bei $x_0 \in]a,b[$, stetig, dann ist jede Stammfunktion von f bei x_0 differenzierbar.

   □ wahr □ falsch

2. Ist $f : [0,\infty[\longrightarrow \mathbb{R}_{0,+}$ uneigentlich Riemann-integrierbar, dann gilt $\lim_{x\to\infty} f(x) = 0$.

   □ wahr □ falsch

3. Es seien f und g zulässig und es existieren $\mathcal{L}(f)(s)$ und $\mathcal{L}(g)(s)$ für $s > x_0$. Dann gilt $\mathcal{L}(f \cdot g)(s) = \mathcal{L}(f)(s) \cdot \mathcal{L}(g)(s)$ für $s > x_0$.

   □ wahr □ falsch

4. Der Integrationsfehler eines Polynoms dritten Grades ist bei der Simpsonregel kleiner als ϵ für jedes $\epsilon > 0$.

   □ wahr □ falsch

5. Die Legendre-Polynome vom Grad n haben unter den Polynome in $\mathbb{P}_n$ auf $[-1,1]$ mit Leitkoeffizient $a_n = 1$ die kleinste Norm $\|\cdot\|_2$

   □ wahr □ falsch

Aufgabe 2

Berechnen Sie das folgende unbestimmte Integral

$$\int \frac{6x^3 + x^2 - 5x + 10}{x^2 + 3x + 2}\, dx$$

Aufgabe 3

1. Berechnen Sie für $b > 0$:

$$\int_{-b}^{b} \frac{x}{1+x^2} dx$$

2. Zeigen Sie, dass zu jedem $\xi \in \mathbb{R}$ Folgen $(a_n)_{n\in\mathbb{N}}, (b_n)_{n\in\mathbb{N}} \subset \mathbb{R}^+$ mit

$$\lim_{n\to\infty} a_n = \lim_{n\to\infty} b_n = \infty$$

existieren, so dass folgt

$$\lim_{n\to\infty} \int_{-a_n}^{b_n} \frac{x}{1+x^2} dx = \xi$$

Aufgabe 4
Berechnen Sie die Laplacetransformierte für die 2π-periodisch fortgesetzte Funktion $f(t) = |\sin(t)|$.

Aufgabe 5
Zeigen Sie für $f \in C([-\pi, \pi])$:

$$\lim_{k\to\infty} \int_{-\pi}^{\pi} f(x)\sin(kx)dx = \lim_{k\to\infty} \int_{-\pi}^{\pi} f(x)\cos(kx)dx = 0$$

mit Hilfe der Besselschen Ungleichung.

Aufgabe 6
Gegeben sei die periodische Funktion

$$f(x) = \begin{cases} x & \text{für } x \in [-1, 1[\\ 0 & \text{periodisch sonst.} \end{cases}$$

1. Bestimmen Sie die Periode und eventuelle Symmetrien.
2. Bestimmen Sie die Fourierreihe $S_f(x)$
3. Wo konvergiert die Fourierreihe und wogegen?

(Lösungscode: SB05PB03120)

5. Antworten zu den Kurzaufgaben

Kurzaufgaben zum Verständnis 2.2.1

1. ☑ ☐
2. ☑ ☐
3. ☐ ☑ ☐
4. ☑ ☐ ☐
5. ☐ ☑
6. ☑ ☐

Kurzaufgaben zum Verständnis 2.3.1

1. ☐ ☑
2. ☑ ☐
3. ☑ ☐
4. ☑ ☐
5. ☑ ☐
6. ☑ ☐

G. Schlüchtermann und N. Mahnke, *Basiswissen Ingenieurmathematik Band 5*,
https://doi.org/10.1007/978-3-658-48684-6_5

Kurzaufgaben zum Verständnis 2.4.1

1. ☐ ☑
2. ☐ ☑
3. ☐ ☑
4. ☐ ☑
5. ☑ ☐
6. ☐ ☑

Kurzaufgaben zum Verständnis 2.5.1

1. ☑ ☐
2. ☑ ☐
3. ☐ ☑
4. ☐ ☑
5. ☐ ☑
6. ☐ ☑

Kurzaufgaben zum Verständnis 2.6.1

1. ☐ ☑
2. ☑ ☐
3. ☑ ☐
4. ☑ ☐
5. ☐ ☑ ☐
6. ☑ ☐

Kurzaufgaben zum Verständnis 3.1.4

1. ☑ ☐
2. ☐ ☑
3. ☐ ☑
4. ☐ ☑
5. ☑ ☐
6. ☐ ☑

Kurzaufgaben zum Verständnis 3.2.5

1. ☑ ☐
2. ☑ ☐
3. ☑ ☐
4. ☑ ☐
5. ☑ ☐
6. ☑ ☐

Kurzaufgaben zum Verständnis 3.3.3

1. ☑ ☐
2. ☑ ☐
3. ☑ ☐
4. ☑ ☐
5. ☑ ☐
6. ☐ ☑

Kurzaufgaben zum Verständnis 3.4.1

1. ☑ ☐
2. ☐ ☑
3. ☑ ☐ ☐
4. ☐ ☑
5. ☐ ☑
6. ☑ ☐

Kurzaufgaben zum Verständnis 3.5.1

1. ☐ ☑ ☐
2. ☑ ☐
3. ☑ ☐
4. ☑ ☐
5. ☑ ☐
6. ☐ ☑

Symbolverzeichnis

Symbol	Erläuterung
$\mathbb{N}$	Menge der natürlichen Zahlen
$\mathbb{N}_0$	Menge der natürlichen Zahlen inkl. der Null
$\mathbb{Z}$	Menge der ganzen Zahlen
$\mathbb{Z}^+$	Menge der positiven ganzen Zahlen
$\mathbb{Z}^-$	Menge der negativen ganzen Zahlen
$\mathbb{Q}$	Menge der rationalen Zahlen
$\mathbb{R}$	Menge der reellen Zahlen
$\mathbb{R}^+$	Menge der positiven reellen Zahlen
$\mathbb{R}_0^+$	Menge der positiven reellen Zahlen inkl. der Null
$\mathbb{R}^-$	Menge der negativen reellen Zahlen
$\mathbb{R}_0^-$	Menge der negativen reellen Zahlen inkl. der Null
$\mathbb{R}^*$	Menge der natürlichen Zahlen ohne die Null
$\mathbb{C}$	Menge der komplexen Zahlen
$\mathbb{K}$	Menge $\mathbb{R}$ oder $\mathbb{C}$
LGS	Lineare:s Gleichungssystem:e
$\Leftrightarrow$	„genau dann, wenn“
$\Rightarrow$	„so folgt“
$\forall$	„für alle“
sgn	Signumfunktion
$\circ$	Verkettung von Abbildungen
$\mathcal{Z}$	Zerlegung
$U(f, \mathcal{Z})$	Untersumme
$O(f, \mathcal{Z})$	Obersumme
$\overline{\mathcal{I}}(f)$	Oberintegral
$\underline{\mathcal{I}}(f)$	Unterintegral
$R_{f,\mathcal{Z}}$	Riemann-Summe

G. Schlüchtermann und N. Mahnke, *Basiswissen Ingenieurmathematik Band 5*,
https://doi.org/10.1007/978-3-658-48684-6

Symbol	Erläuterung
PBZ	Partialbruchzerlegung
$\Gamma(x)$	Gammafunktion
$B(x, y)$	Betafunktion
$\mathcal{L}(f)(x)$	Laplacetransformierte der Funktion f
$\mathrm{Lap}(\mathbb{R})$	Menge der für die Laplacetransformation zulässigen Funktionen
$\mathcal{L}^{-1}$	inverse Laplacetransformation
$C(I)$	Menge der auf I stetigen Funktionen
$C^k(I)$	Menge der auf I k-mal stetig differenzierbaren Funktionen
$C^\infty(I)$	Menge der auf I beliebig oft stetig differenzierbaren Funktionen
$\Delta^m y_k$	vorwärts genommene Differenz des Stützwertes y_k
$\mathbb{P}_n$	Menge der Polynome vom Höchstgrad n
$Q(f)$	Quadraturwert zur Funktion f
$R(f)$	Fehlerwert zur Funktion f
$Q_n(f)$	Quadraturwert zur Funktion f bei n-facher Teilung
$R_n(f)$	Fehlerwert zur Funktion f bei n-facher Teilung
$\lVert\cdot\rVert_2$	Eulersche Norm
$\lVert\cdot\rVert_\infty$	Maximum-Norm
$\tilde{L}_n(t)$	Legendre-Polynome mit Leitkoeffizient 1
$L_n(t)$	Legendre-Polynome
$P_n(x)$	trigonometrisches Polynom vom Grad n
$S_f(x)$	Fourierreihe zur Funktion f
$B_n(x)$	Bernoulli-Polynom vom Grad n
$T_j^{(i)}$	j-te Quadraturformel nach Romberg, bei i-facher Teilung

Literaturverzeichnis

[AHK] Arens, T., Hettlich, F., Karpfinger, Ch., Kockelkorn, U., Lichtenegger, K. und Stachel, H., Mathematik, Spektrum Verlag (2008)

[GAS] Asser, G., Einführung in die mathematische Logik Teil 1, Harry Deutsch Thun Verlag (1983)

[BF] Barner, M. und Flohr, F., Analysis I , W. de Gruyter Verlag (1974)

[Brie1] Brieskorn, E., Lineare Algebra und analytische Geometrie I, Vieweg (1983)

[Brie2] Brieskorn, E., Lineare Algebra und analytische Geometrie II, Vieweg (1985)

[Brie3] Brieskorn, E., Lineare Algebra und analytische Geometrie III, Springer Spektrum (2019)

[DSW] Demaret L., Schlüchtermann G., Wibmer M., Höhere Mathematik, Springer Vieweg (2024)

[EV1] Erven, J. ,Mathematik für Ingenieure, Oldenbourg Verlag (2010)

[Fi1] Fischer, G., Lineare Algebra, Springer Spektrum (2017)

[GER] Gerster, H.D., Aussagenlogik, Mengen, Relationen. divVerlag Franzbecker, Berlin (1998)

[HH] Hämmerlin, G. und Hoffmann, K.-H., Numerische Mathematik, Springer (1994), 4.Aufl.

[H1] Heuser, H., Lehrbuch der Analysis Teil 1, B.G.Teubner Stuttgart (1993)

G. Schlüchtermann und N. Mahnke, *Basiswissen Ingenieurmathematik Band 5*,
https://doi.org/10.1007/978-3-658-48684-6

[H2] Heuser, H., Lehrbuch der Analysis Teil 2, B.G.Teubner Stuttgart (1990)

[HL1] Henze, N. und Last, G., Mathematik für Wirtschaftsingenieure, Band1, Vieweg Verlag (2004)

[HL2] Henze, N. und Last, G. Mathematik für Wirtschaftsingenieure, Band2, Vieweg Verlag (2004)

[Ja1] Jänich, K., Lineare Algebra, Springer (2013)

[Kow] Kowalsky, H.-J., Lineare Algebra, De Gruyter (1977)

[K1] Königsberger, K., Analysis 1, Springer Verlag (1990)

[K2] Königsberger, K., Analysis 2, Springer Verlag (1990)

[Lin] Lindörfer, K., Das große Schachlexikon, Orbis-Verl. (1991)

[PVK1] Precht, M., Voit, K. und Kraft, R. Mathematik 1 für Nichtmathematiker, 7.Auflage, Oldenbourg Verlag (2005)

[PVK2] Precht, M., Voit, K. und Kraft, R. Mathematik 2 für Nichtmathematiker, 7.Auflage, Oldenbourg Verlag (2005)

[Rud] Rudin, W., Analysis, Oldenbourg Verlag (2009)

[SM01] Schlüchtermann G., Mahnke N., Basiswissen Ingenieurmathematik Band 1, 2.Auflage, Springer Vieweg (2021)

[SM02] Schlüchtermann G., Mahnke N., Basiswissen Ingenieurmathematik Band 2, 1.Auflage, Springer Vieweg (2022)

[SM03] Schlüchtermann G., Mahnke N., Basiswissen Ingenieurmathematik Band 3, 1.Auflage, Springer Vieweg (2023)

[SM04] Schlüchtermann G., Mahnke N., Basiswissen Ingenieurmathematik Band 4, 1.Auflage, Springer Vieweg (2024)

Sachwortverzeichnis

G. Schlüchtermann und N. Mahnke, *Basiswissen Ingenieurmathematik Band 5*,
https://doi.org/10.1007/978-3-658-48684-6

GPSR Compliance

The European Union's (EU) General Product Safety Regulation (GPSR) is a set of rules that requires consumer products to be safe and our obligations to ensure this.

If you have any concerns about our products, you can contact us on ProductSafety@springernature.com

In case Publisher is established outside the EU, the EU authorized representative is:

Springer Nature Customer Service Center GmbH
Europaplatz 3
69115 Heidelberg, Germany

Batch number: 10607162

Printed by Printforce, the Netherlands